社会の仕組みを信用から理解する

協力進化の数理

中丸麻由子 [著]

コーディネーター 巌佐 庸

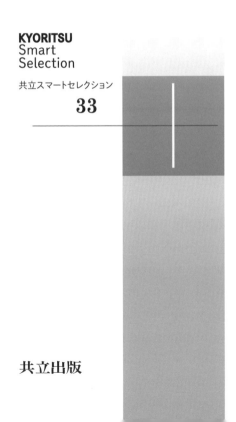

KYORITSU
Smart
Selection

共立スマートセレクション
33

共立出版

はじめに

地球上には，多種多様な動物が生活している．それぞれの動物は同じ種の他の個体と様々な相互作用をして生活しているが，これはいわば「社会」をつくっているといえるだろう．その社会は種ごとに大きく異なっている．

その中でも人間は，生まれてから死ぬまで単独で生活する時期はなく，ずっと集団の中で暮らす非常に社会性の高い動物である．この社会性を実現するために，人間は様々な能力を進化させてきた．人間以外の動物でも社会性の高い種では，集団で生活するための能力，いわば人間に似た能力を進化させたものもある．この能力は一言でいえば，2個体以上で社会的相互作用を円滑におこなうためのものである．

人間特有の能力とは

古くから，人間は他の動物とは隔絶したものであり，他の動物にはない様々な能力をもっていると考えられてきた．人間独自の能力としては，言語能力，文化とその継承の能力，学習能力，他者に教える能力，数学能力，三項関係あるいは三項表象に関する能力，他者の意図推論能力，共感能力，道徳性の存在を可能にする能力，推移的推論能力などが挙げられてきた．

しかし，最近の実験的研究によって，これらの能力の一部は，人間以外の動物にも存在することが明らかになった．たとえば，フサオマキザルに，課題をうまくこなすとご褒美としてキュウリを与え

るという実験がある．この実験で順調に課題をこなしていたフサオマキザルは，同じ実験をしている隣の個体がご褒美にブドウをもらったのをみると，今までやっていた課題をやめてしまう．ブドウのほうがキュウリよりもはるかに魅力的なご褒美らしく，「やってられない」，「不平等だ」と怒っているといえる（Brosnan and de Wall, 2003）．この実験によって，不平等に対する嫌悪感が動物にもあることがわかる．不平等嫌悪は道徳性の起源ともいわれる．

推移的推論能力は，AがBより望ましく（A＞B），BがCより望ましい（B＞C）と，必ずAはCより望ましい（A＞C）などと推論する能力のことだ．これも大人の人間特有の能力と考えられてきた．ところが，1970年代に実験的な研究によって幼児でも推移的推論が可能であるとわかったことが契機になり，様々な動物を用いて推移的推論が可能かどうかを確かめる研究が始まった．

このような結果をみると，人間の能力は他の社会的な動物の能力と連続した側面があるといえるだろう．2000年代には，「社会複雑性仮説（social complexity hypothesis）」が検証されるようになってきた（e.g. Vasconcelos, 2008）．これは，大きな集団をつくって暮らしている社会性のある動物は，個体間の社会的相互作用や個体間の関係性が複雑であるため，それを処理するために認知能力が高くなるように進化し，その結果，推移的推論のような高い認知能力を要求する推論が可能となった，という説である．また，進化ゲーム理論を用いた推移的推論能力の進化の研究もおこなわれて，社会複雑性仮説を裏付けるような結果となっている（Nakamaru and Sasaki, 2003; Doi and Nakamaru, 2018）．

三項関係あるいは三項表象は，「自分」，「他者」，「対象」の関係をいい，これが適切に認識できると，自分と他者が同じ対象をみていることを理解できる．その結果，人は他者に共感することができ

る．また，三項関係あるいは三項表象は，言語の発達にも必要な認知能力であるとする考えもある（菊水，2019）．これらも人間特有と考えられてきたが，実験においてチンパンジーも三項関係をもっている可能性が示唆されたという（Yamamoto et al., 2012）．

「心の理論」も最初は人間特有といわれてきた．心の理論は，他者の意図を推論できることである．心の理論があるかどうかについては，「サリーとアンの課題」を用いて調べられる．この実験課題は，「サリーちゃんが人形を箱Aに入れてその場を立ち去るとします．その後，アンちゃんがこの人形を隣の別の箱Bへ入れます．そしてサリーちゃんが戻ってきます．この時サリーちゃんはどの箱を探すでしょうか」というものである．3歳児までは箱Bと答えてしまう．つまりこの課題ができないのだ．ところが，5歳児になると，箱Aと答える児童が多くなる．チンパンジーやオランウータンに合わせたものに工夫してこれと同じ課題をおこなうと，課題をこなせたという実験結果がある（Krupenye et al., 2016）．つまり，人間以外の霊長類の一部でも心の理論があったのだ．

今後様々な動物を使った実験を工夫することによって，以前は人間特有と考えられてきた能力が，他の動物でも存在することが明らかになるかもしれない．それと同時に，人間とそれ以外の動物との違いがどこにあるのか，はっきりとわかるだろう．

なぜ動物は集団で生活するのだろうか

ここまでに述べた能力は，集団を形成して生活する上で必要な能力である．他の動物とは大きく違い人間集団に特有な点は，集団の構造そのものにあるように思える．そこで，まずは動物一般がつくる集団に関して考えてみよう．

多くの動物は群れを形成して生活しているが，これは繁殖形態に

大きく影響する（菊水, 2019）．たとえば，ライオンはプライドという群れを形成し，その群れで狩りをおこない，優位雄たちがプライド内で繁殖をする．ゴリラのようにハーレムという群れを形成する場合は，1頭の雄がハーレムに属するすべての雌と交尾して繁殖するが，他の雄は一切繁殖ができない．その他にも，レック型，スクランブル型，一妻多夫型，多夫多妻型というような，様々な繁殖形態のパターン（配偶システム）を示す動物がいる（菊水, 2019, 表2.1）．

人間にとっても，繁殖形態が関係する家族のような集団は大事だ．加えて人間には，非血縁者からなる集団も重要である．では，繁殖形態とは関係のない集団を形成する動物は，人間だけなのか．

生物界を見渡すと，イワシのような魚も群をつくる．『スイミー』という絵本を知っている方も多いと思う．この絵本は，自分たちを食べようと襲ってくる大きな魚に対し，小さな赤い魚たちが群れて大きな魚にみせかけて，敵を追い払うという話だ．突然変異のせいか唯一黒いスイミーがその大きな魚の目の担当になる．この絵本の教訓は「違いを利用して，みんなで協力すれば状況が良くなる」である．実際には大きな魚のふりをするために小魚が群れることはないのだが，魚が群れることによって捕食者への「希釈効果」がある．1匹だけでいると敵にすぐに捕食されてしまうが，群れでいれば数匹は犠牲になるとはいえ，多くの個体は敵から捕食される可能性が低くなる，つまり，捕食の可能性が希釈されるという効果である（菊水, 2019）．ちなみに，絵本『スイミー』を現実の魚の群れに則した内容にしてしまうと，みんなのために数匹が捕食されてしまう内容となってしまい，これでは幼児向けの教訓の話としてはふさわしくないだろう．

スズメやムクドリのような鳥や，昆虫でも群れをつくっている．

これらの群れは繁殖形態には関係しないが，捕食者からの希釈効果も群れる理由の1つである．人類が進化をする過程で，集団でいることのメリットに捕食者から身を守るということはあったかもしれない．しかし現代社会では，人がやたらに捕食者に襲われることはないので，希釈効果のために集団を形成することはないだろう．

人間がつくる集団

人間がつくる集団にも様々なものがある．文化人類学によって詳細に研究されてきた親族関係を中心とした家族が主な構成要員である集団は，繁殖形態と大いに関係している．この集団は血縁集団となり，動物の群れと同様に，それぞれの個体がどのようにして多くの子孫を残せるかという進化生態学的な枠組みで理解することができる．

人間が集団でとる行動には，集合行動 (collective behavior) がある．集合行動の観点から，たとえば，建物火災の脱出時のパニック，銀行の取り付け騒ぎ，日本の不動産バブルのような取得狂騒，暴動・暴徒，敵対的・破壊的・感情表出的な行為にかかわる群衆行動，一時的な大流行，といった現象が議論されてきた (Coleman, 1990)．集合行動は社会学，社会心理学といった分野に加え，最近では様々な分野で，インターネットと SNS（ソーシャル・ネットワーキング・サービス）と集合行動との関係についての研究がされている．このような集合行動に関連する行動は，ニワトリなどの動物にもあるらしい．しかし，個人としては理性的に判断しているつもりでも結果としてパニック行動となってしまうことや，人間特有の心理メカニズムがはたらいて集合行動が生じる場合もあり，興味深いテーマではあるが本書では集合行動は扱わない．

制度と組織

　人間の集団行動では，集団における組織やルール，制度が存在する．そもそも制度や組織とは何だろうか．研究者によって様々な定義がなされている．本書では制度とは，「ある特定の集団や社会において認められている一定のルールであり，社会規範によって維持されているもの」としよう．

　では次に，組織とは何だろうか．会社も組織の一形態である．学生のうちは講義を受けて単位を取るために大学に通う人も多いだろうが，大学には教員だけがいるわけではない．大学を持続させるために教務課，入試課，財務課，人事課，広報課，施設課など様々な部署があり，これらがうまく機能しないと，大学という組織が潰れることもある．

　人間以外の動物がつくる集団と人間社会における組織との違いは何だろうか．それは，人間ではメンバーが組織の目的を理解している点や組織への期待がある点だろう．人の場合は，たとえば「信頼できるメンバーの多い集団なので，組織のために尽くしても組織から何らかの見返りがあるだろう」というような期待を日常茶飯事におこなっている．「信頼できる人が多い組織なので，留まろう」とか，「他の組織に行ったほうが信頼できる人に出会えそうだ」というような組織間の所属替えに関する意思決定も人間はおこなう．

　加えて，人間社会においては様々な種類の組織が存在し，組織同士は互いにつながっており，それぞれの組織は階層構造や重層構造をもつ．このような様々な組織の集合を全体的に俯瞰して理解できるのも人間だけといえそうだ．

　一方，人間以外の動物が集団目標を掲げたり，集団に対して期待をもったり，集団が信頼できるかどうかを判断して集団への加入や離脱をしたりしているかどうかはわからない．これらの目的や期待

の有無については，これから徐々に解明されるだろう．

信頼と信用

　組織や制度において，組織内のメンバー間の信頼・信用，および，メンバーの組織への信頼・信用，組織間の信頼・信用は非常に重要である．組織や制度を安定的に存続させることは，信頼や信用がないと難しい．

　では，信頼や信用とは何であろうか．会話の中では「あの人は信用できない」ということもできるし，同じ文脈で「あの人は信頼ができない」ともいうことができる．つまり日常語では基本的には差がない．また，英語の「trust」は信頼や信用と訳される．一体，本書ではどちらを使えばよいのか．

　信頼の多くの研究は，2者間を対象としている．社会心理学で重要な貢献をされた山岸俊男先生によると，信頼とは "相手が自分を搾取しようとする意図をもっていないという期待の中で，相手の人格や，相手が自分に対してもつ感情についての評価に基づく部分にあたる" という．その上で，「一般的信頼」を "具体的な特定の相手ではなく，他者一般に対する信頼" と定義している（山岸，1998）．

　一方，組織内のメンバー間や組織そのものへの信頼について考えた時，山岸が定義した信頼を使うことは適切でないだろう．というのも，山岸の「信頼」では相手の意図に対する期待に限定しているが，組織内においては相手の能力に対する期待もある．組織に貢献できる行動をするには，まずは能力が必要である．たとえば，ある銀行が非常に人柄の良い従業員の集まりであっても，銀行業務を適切にこなせず利子の計算に誤りが続くと，その銀行の評価は下がる．逆に能力に対する期待は高いが，意図に対する期待が低い従業員ばかりであっても，その銀行の客からの評価は低くなる．

　Mayer et al.(1995) の総説では，「trust」の様々な定義をもとにして，組織における「trust」のための3つの要素を挙げている．それは「有能さ (ability)」，「善意 (benevolence)」，「正直さ (integrity)」である．そして「trust」にはリスクがともなうとする．これは本書の「trust」の定義にふさわしいと考えられる．ただし，Mayer et al. (1995) も2者間の「trust」に限定している．

　集団中の2者間の「trust」だけでは，人間特有の組織の形成や制度が成立するには不十分であろう．というのは，それだけでは単なる人の集まりになるだけである．3者以上の関係性における「trust」によって組織や制度が成立すると考えられる．そしてその関係性とは，①同等な立場の3者以上の関係性において「trust」が成立する場合，②2者の間に仲介者が存在するような場合において「trust」が成立する場合，③個人の集団への「trust」，あるいは，集団の特定の個人への「trust」，集団間の「trust」が成立の場合があると考えられる．③については2者間の関係性と思われるかもしれないが，集団の構成員は最低でも2名以上であり，集団として意思決定をおこなうには2者以上の関係が絡む．そうなると，個人と集団との間の「trust」には最低でも3者以上が絡んでくるのだ．そして3者間の「trust」には，人間で高度に発達している「三項関係」あるいは「三項表象」の能力もかかわっており，それも組織や制度の発展に関係していると考えられる．

　本書では，3者以上の関係性のある人間集団において，ある目的のもとで集団内の協力を促進して集団を安定に保つために様々なルールが決められ，そのルールが制度となり，集団が組織として発展し，現在のような複雑な制度や組織に発展したと考える．この過程において信用システムが構築されるだろう．初期段階における信用システムの成立条件を解析し，組織や制度の理解に迫ることが，

本書の目的である．このように「信用システム」が関係するため，「trust」を「信用」とする．これによって，「2者間の信頼」の研究と区別することも可能になる．第4, 5章では，信用に基づく慣習的制度のもとで運営されている組織である頼母子講や保険の萌芽的組織に関する研究を紹介する．このような組織が銀行や信用組合へと発展したこともあり，信用譲成に関する研究と解釈できる．第7章で紹介する社会的分業の維持と成立についての研究では，3種類の組織間の信用が分業の成功につながっている．第8章の噂の研究では，第三者に関する噂を2者間でやりとりするという仮定を置いている．つまり3者間関係が要となっている．そして，嘘の噂が広がる中で協力関係を維持するための条件を探っており，組織への信用失墜を防ぐための研究にもつながるだろう．

　新しい組織が信用を勝ちとるためには，そのメンバー内の協力および組織外からの良い評判が必要となる．第3, 6章では，これに関連する私の研究を紹介する．紹介している研究のすべてが組織の信用醸成に直接関係するものというわけではない．研究途上のものも一部含まれている．

　本書で紹介する理論研究には，進化ゲーム理論を用いている．進化ゲーム理論については第1章で説明する．生物は生物ごとに独特な行動様式があり，その行動様式は進化の結果かもしれない．生物の個体同士の社会的な相互作用も，進化の賜物かもしれない．これらについて，進化ゲーム理論を用いた数理モデルやシミュレーションで解析できる．

　進化ゲーム理論は，生物の社会的相互作用の進化の解明に貢献してきた．人間も生物の一員である以上，この章の最初でも説明した人間特有であり進化の結果と考えられている能力についても解析できる．私もそのような考えで推移的推論の進化を調べたことがあ

る．

　一方，進化ゲーム理論のプロセスを用いて人間の社会について解析することも可能である．利得の高いプレイヤーの行動や考え方を真似をするためにより適応的な行動や考えが広がると仮定すると，第1章で説明する生物学の自然選択による進化と同じ数理モデルを用いて人間社会を調べることができる．たとえば，プレイヤーを企業とする時，収益の高い企業の戦略を真似ることはよくあり，進化ゲーム理論で解くことは理にかなっている．本書でもこのような考え方をもとにして，進化ゲーム理論によって信用システムが成り立つための条件を探っていく．

目 次

Box

協力の進化研究の基礎知識
～進化ゲーム理論～

1.1　人の一生と「協力」

　人間は，社会で多くの人々の助けを受けて生きている．産科医や助産師の協力のもとで産まれ，親や家族だけではなく，周囲の人たちの協力のもと育っていく．学校などの集団生活が始まると同世代の子供たちと遊び，親や親族ではない大人から，「ブランコは独り占めをせずにじゅんばんこで使いましょう」，「ケーキははんぶんこにしましょう」，「悪いことをした時は，相手に謝りましょう」などのような社会で必要なマナーや集団生活におけるルールを学ぶ．このような社会ルールや規範の学習は中学や高校卒業まで続き，今の社会で生きていくために必要な知識を養う．大人になると，生活の糧を得るために職に就く．社会には様々な職業があるが，どの仕事も他の様々な職種の人からの協力があって初めて成り立つ．つまり，協力は分業を通じておこなわれる．

　互いに助け合うことを，「協力」という．進化生態学では，親や

兄弟，親戚からの協力は，後ほど説明する「血縁選択や利他行動」にあたる．親が子供に社会で必要なマナーを教えるのは，子供が大人になってから社会で問題なく生活できるようにするためだが，子供が大人になってからの繁殖率や生存率にこのようなマナーの有無が影響する可能性があるからだ．

一方，非血縁者である教師からの教育も「コストを払って相手に知識を教えて利益を与える」という意味では協力の定義に当てはまり，他の動物以上に発達した人間特有の行動である．「じゅんばんこ」は後から紹介する輪番制と関係するが，これも幼い頃から習う．

では，「協力」を数理モデルやシミュレーションで表すことはできるのだろうか．たとえばAさんとBさんの2人がいるとする．Aさんは Bさんのために協力をする．この時，Aさんは時間をかけたり，お金をかけたり，労力をかけたりとコストを被る．この費用を $-c$ ($c \geq 0$) とする．BさんはAさんに助けてもらえるので利益 b ($b \geq 0$) を得る．すると，Aさんは利益を得るどころか損をしてしまう．これが協力行動の問題点である．なぜ人は損をしてまで他人に協力をするのだろうか．まずは進化ゲーム理論とは何かを説明し，その枠組みでの協力の進化研究を紹介する．

1.2 進化ゲーム理論とは

1.2.1 自然選択

進化ゲーム理論は，メイナード＝スミスが自然選択（自然淘汰）とゲーム理論を組み合わせて体系立てた理論である（Maynard Smith, 1982）．自然選択では非常に大きな集団（無限集団）を考えることが多いが，図 **1.1** ではわかりやすくするために少数の個体で説明する．成熟個体が6個体いるとする．初めはXという性質の

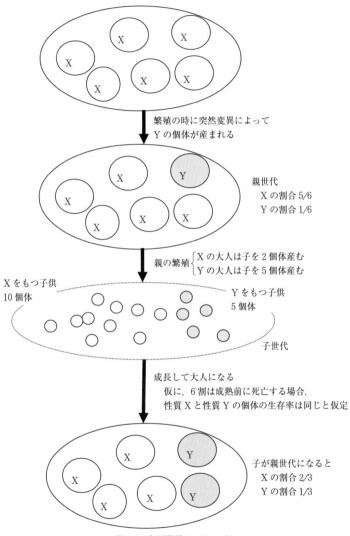

図 1.1　自然選択のメカニズム

みの集団であったが，繁殖の時に突然変異が生じて性質が Y の個体が 1 個体産まれるとする．性質 X の個体はそれぞれ 2 個体の子供を産むが，性質 Y の個体は 5 個体の子供を産むとしよう．つまり繁殖率に差がある（選択，あるいは淘汰）．そして，その子供にも Y という性質が受け継がれるとする（遺伝）．すると，性質 X の個体の子供数は $2 \times 5 = 10$ 個体となり，性質 Y の子供数は 5 個体となる．つまり，子供を産む前は性質 Y の個体の割合は 1/6 であったのが，子の世代では，性質 Y の個体の頻度は $5/15 = 1/3$ となり増える．これを数十世代続けていくと，集団の中はほとんどが性質 Y の個体になる．これを，性質は X から Y へと進化したという．このように，変異，選択（淘汰），遺伝の 3 つが揃うと自然選択による進化が生じる．

1.2.2 適応度

ここで，自然選択（自然淘汰）におけるキーワードの 1 つとなる適応度について説明しよう．適応度は子供の数の期待値である．たとえば，成熟個体が卵や子供を産むとする．卵を産んだとしても，m 個すべてが成熟個体に育つことはない．まず孵化をしない卵がある．その後，孵化したばかりの個体が他種に食べられたり，異常気象等により食べ物が枯渇したり，寒すぎや暑すぎで死亡したり，病気が蔓延して死亡したりする．特に子供のうちは，免疫力が低いために重症化しやすい．また，種内の個体同士の戦いによる負傷で死んだり，傷が長引くと繁殖行動に影響を及ぼしたりする．種によっては共食いもある．哺乳類のように親が子育てをする生物では，食べ物を子供に与えたり，敵から守ったりするため，生存率は高くなる．出産の時に m 個の卵や子を産んだとしても，生き残って成熟個体となる数は，生物種によってはごく一部である．つまり適応度

Box 1　進化動態モデル

　$x(t)$ を，性質 A をもつ世代 t の成熟個体における集団中の頻度，$y(t)$ を，性質 B をもつ世代 t の成熟個体における集団中の頻度とする．ただし，$x(t) + y(t) = 1$ とする．性質 A の個体は m_A 個体の子供を産み，性質 B の個体は m_B 個体の子供を産む．性質 A の子供が成熟までに生き残る確率を p_A，性質 B の子供が成熟までに生き残る確率を p_B としよう．すると，世代 $t+1$ における性質 A の個体の集団中の頻度は

$$x(t+1) = \frac{x(t)m_A p_A}{W}$$

となる．ただし，$W = x(t)m_A p_A + y(t)m_B p_B$ であり，集団の平均適応度となる．これは進化動態の離散モデルになる．ステップごとの変化割合が小さい時には，これが連続時間の微分方程式に変換される．

とは，出産時の子供の数（繁殖率）にそれらの子供が成熟するまでに生き残る確率（生存率）をかけたものである．

　これを時間変化の離散方程式や微分方程式で表現することで，進化動態の数理モデル化が可能になる．詳細は **Box 1** をみてほしい．

1.2.3　進化ゲーム理論

　次に，進化ゲーム理論について説明しよう．あるタイプの社会的相互作用（ゲーム的状況）をある生物 n 個体間（$n \geq 2$）でおこない，社会的相互作用をしない時と比べて適応度が変化するとする．社会的相互作用では，個体ごとに様々な行動や意思決定がおこなわれる．これを戦略と呼ぼう．戦略には A と B の 2 種類があるとする．戦略 A と戦略 A の個体が相互作用すると適応度が上がり，戦略 B と戦略 A の個体が相互作用すると戦略 B の個体の適応度が非常に高くなるとともに，戦略 A の個体の適応度が低くなるとする．

また，戦略Bの個体同士で相互作用をしても適応度の増減は起こらないとする．単純に考えれば，この適応度の増減によって，次の世代では戦略Bの個体が増え，戦略Aの個体が減ることになる．それを数十世代繰り返すと，戦略Bの個体が増えて集団を占めることになる．これを戦略Bが進化したといい，Box 1の式に倣って数理モデル（レプリケータ方程式）として表せる（**Box 2**）．

Box 2　レプリケータ方程式

　集団中のプレイヤーのうち，ランダムに2人を選んで囚人のジレンマゲームをする（表1.1）．時刻 t における集団中の協力者の割合を $x(t)$，非協力者の割合を $y(t)$ とし，$x(t) + y(t) = 1$ とする．協力者の利得は，協力者同士で出会ってゲームをして得られる利益と，協力者と非協力者が出会ってゲームをして得られる利益の和になる．協力者同士が出会う割合は $x(t)^2$，協力者と非協力者が出会う割合は $x(t)y(t)$ となる．すると，協力者の利得の和は $W_c = Rx(t)^2 + Sx(t)y(t)$ となる．同様にして，非協力者の利得の和は，$W_d = Py(t)^2 + Ty(t)x(t)$ となる．集団の平均利得は $W = W_c + W_d$ となる．Box 1と同じ考え方を用いて，時刻 $t+1$ での集団中の協力者の割合 $x(t+1)$ を計算でき，$x(t+1) = W_c/W$ となる．この式を変形し，単位時刻あたりの協力者の変化量で表すと，$x(t+1) - x(t) = x(t)(Rx(t) + Sy(t) - W)/W = x(t)(E_c - W)/W$ となる．ただし，$E_c = Rx(t) + Sy(t)$ であり，これは協力者の平均利得になる．するとこの式は，協力者の頻度の時間変化は，協力者の平均利得から集団の平均利得を引いた値で決まるという意味となる．この値が正の値であれば，協力者の頻度は増える．協力者の平均利得が集団の平均利得よりも高ければ，協力者の頻度は高くなるのだ．

　図1はこの式を微分方程式化したものである $dx(t)/dt = x(t)(E_c - W)$ を使って作図している．この図より，1回きりの囚人のジレンマゲームであれば，たとえ協力者の頻度が最初は非常に高くても，非協力者ばかりの集団に置きかわる．

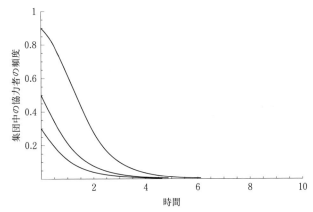

図1　レプリケータ方程式の例

無限集団を仮定し，集団から2個体をランダムに選び，囚人のジレンマゲームを1回おこなった場合．利得は $R = 3, S = 0, T = 5, P = 1$ である．時間が経つと，初期の頻度によらず非協力者が集団を占めることがわかる．

　上記の例は，集団中のプレイヤーが対等な立場であると仮定している．一方，集団が2つあり，集団内では相互作用しないが，集団間ではプレイヤーが相互作用する場合がある（**図2**）．有名な例としては，雌集団と雄集団である．雌集団内の2人がペアになって繁殖をすることはできない．雄集団でも同様である．子供をつくるには，雌集団の1個体と雄集団の1個体が繁殖をおこなう必要がある．しかし，雌と雄では繁殖に関する行動が異なる．たとえば，哺乳類では基本的には雌が子供を産むため，雌には妊娠期間があり，出産後の授乳がある．一方，雄には妊娠期間がなく，子育てへの協力の仕方も雌とは異なってくる．つまり，雌には雌特有の妊娠中のコストや出産後のコストがかかる．このため，ゲームの利得も雄と雌では異なる．また，各集団中でも様々な種類の戦略があるだろう．子育てに協力的な戦略をとる雄もいれば，子育てには時間を割かずに他の雌にアプローチをして母の異なる子供をつくるという戦略をとる雄もいる．そのような状況を表す数式が，非対称ゲームのレプリケータ方程式となる．

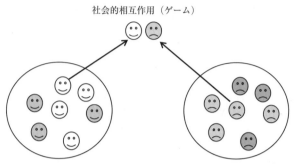

図2 非対称ゲームのレプリケータ方程式の前提となる仮定のイメージ

表 非対称ゲームの利得表

(a) 非対称ゲームにおける雌の利得

	雄1	雄2
雌1	a_{11}	a_{12}
雌2	a_{21}	a_{22}

(b) 非対称ゲームにおける雄の利得

	雌1	雌2
雄1	b_{11}	b_{12}
雄2	b_{21}	b_{22}

たとえば，雌集団内の戦略が2つ（雌1と雌2），雄集団内の戦略が2つ（雄1と雄2）あるとする．時刻 t におけるそれぞれの集団内での頻度を $x_1(t)$，$x_2(t)$，$y_1(t)$，$y_2(t)$ とする．ただし，$x_1(t) + x_2(t) = 1$，$y_1(t) + y_2(t) = 1$ とする．雌と雄の非対称ゲームの雌の利得は表(a)とする．雌1の平均利得は $F_1 = a_{11}y_1(t) + a_{12}y_2(t)$，雌2の平均利得は $F_2 = a_{21}y_1(t) + a_{22}y_2(t)$ となる．次の時刻での雌1の頻度は，$x_1(t+1) = x_1(t)F_1/W_F$ となる．なお，$W_F = x_1(t)F_1 + x_2(t)F_2$ であり，これは雌集団の平均利得である．これを頻度の時間変化量つまり差分方程式で表すと，$x_1(t+1) - x_1(t) = x_1(t)(F_1 - W_F)/W_F$ となる．つまり，雌1の平均利得のほうが雌集団の平均利得より高ければ，雌1は雌集団中で増えることを示す．

雄についても同様にして考えることができる．雄1の平均利得は $M_1 = b_{11}x_1(t) + b_{12}x_2(t)$，雄2の平均利得は $M_2 = b_{21}x_1(t) + b_{22}x_2(t)$ となる．すると，次の時刻での雄1の頻度は，$y_1(t+1) = y_1(t)M_1/W_M$

となる. なお, $W_M = y_1(t)M_1 + y_2(t)M_2$ であり, これは雄集団の平均利得である. これを頻度の時間変化量すなわち差分方程式で表すと, $y_1(t+1) - y_1(t) = y_1(t)(M_1 - W_M)/W_M$ となる. つまり, 雄1の平均利得のほうが雄集団の平均利得より高ければ, 雄1は雄集団中で増えることを示す.

　この2つの差分方程式を微分方程式に変換すると, 次のようになる.

$$dx_1(t)/dt = x_1(t)(F_1 - W_F), \quad dy_1(t)/dt = y_1(t)(M_1 - W_M)$$

この連立微分方程式が, 非対称ゲームのレプリケータ方程式となる. もちろん, 差分方程式や離散方程式のまま解析してもよい. 一般的には微分方程式のほうが数学的には解きやすい. 非対称ゲームのレプリケータ方程式を人間社会の分業の維持に応用した研究は, 第7章で紹介する.

1.3　進化的に安定な戦略

　進化を数式によって表現できることは Box 1 や Box 2 で説明した. では, 進化を数学的にどのように評価するのか. これについてメイナード＝スミスとプライスは, 「進化的に安定な戦略 (evolutionary stable strategy, ESS)」という概念を提唱した (Maynard Smith and Price, 1973; Maynard Smith, 1982). 以下のような定義である.

　戦略 X が進化的に安定であるというのは, その他の戦略 Y に対して次の関係のいずれかが成立することである. 戦略 X と戦略 Y がゲームをした時の戦略 X の適応度が E[X, Y] であるとする.

　(1) E[X, X] > E[Y, X]

　もしくは

　(2) E[X, X] = E[Y, X], であってかつ, E[X, Y] > E[Y, Y]

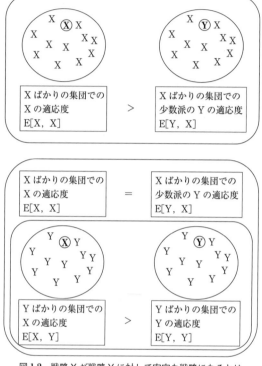

図 1.2 戦略 X が戦略 Y に対して安定な戦略になるとは

（1）の意味を説明しよう（**図 1.2**）．ある集団を戦略 X が占めているとする．この時，戦略 X は戦略 X 同士で相互作用をするので，適応度としては戦略 X 同士のゲームを考えればよい．つまり，E[X, X] である．ここに戦略 Y が突然変異で生じるとする．戦略 Y の個体は少数派で，戦略 Y は別の戦略 Y と社会的相互作用をすることはほとんどなく，多数派である戦略 X と相互作用することが多いため，戦略 Y の適応度は E[Y, X] とする．少数派の戦略 Y には侵入されない，つまり，戦略 X のほうが適応度が高い時に，戦

略 X は進化的に安定となる．戦略 X が占める集団での戦略 X の適応度と，戦略 X が占める集団での戦略 Y の適応度が同じ場合では，次の適応度の大小関係をみることになる．戦略 Y が占める集団の戦略 Y の適応度と，戦略 Y が占める集団に少数派で戦略 X がいる時の戦略 X の適応度を比較する．後者のほうの適応度が高い時に，少数派の戦略 X が戦略 Y ばかりの集団に侵入できる．つまり (2) の条件の時，戦略 X が進化的に安定となる．

　では次に，協力の進化の研究でよく用いられているゲームを紹介し，進化的に安定な戦略の定義に当てはめてみよう．

1.4　囚人のジレンマゲーム

1.4.1　囚人のジレンマゲームとは

　まずは囚人のジレンマゲームを紹介する．窃盗犯と思われる 2 人組が警察に捕まり，別々の部屋で尋問を受けているとする．この時警察が以下の条件を提示する．

　　2 人とも告白して罪を認めれば禁固 3 年．2 人とも黙秘ならば，禁固 1 年としよう．しかし，もし相手が告白し，罪を認めると，黙秘を続けているあなたは禁固 10 年になる．逆に，相手は黙秘を続け，あなたが告白した場合は，禁固半年にしよう．

　これを囚人 2 人に別々に提示し，2 人が話し合う機会は与えない．自分が囚人であると想定した時，あなたは黙秘と告白，どちらを選ぶだろうか？　おそらく次のように考えるだろう．まずは相手が黙秘した時，自分も黙秘するよりも告白したほうが刑は軽くなることに気がつく．次に，相手が告白した時も，自分は黙秘をするより告白してしまったほうが刑は軽くなっている．つまり，相手がどうしようが，自分は告白をしたほうが刑は軽いのだ．すると，告白を選

表1.1 囚人のジレンマゲーム

$T > R > P > S$ および $2R > T + S$ を満たす必要がある.

		相手	
		協力	非協力
自分	協力	$R = 3$ Reward	$S = 0$ Sucker
	非協力	$T = 5$ Temptation to defection	$P = 1$ Punishment

ぶ.人間はみなたいてい同じことを考えるので,相手も告白を選ぶ
だろう.すると2人とも告白となり,警察の意のままとなり刑は禁
固3年となる.一方でお互いに相手が黙秘を続けると信頼して黙秘
を選ぶと,禁固1年ですむ.しかし告白を選ぶと,刑は重くなって
しまう.これが「囚人のジレンマ」といわれる所以である.黙秘は
囚人にとっての協力,告白は囚人同士にとっての裏切りあるいは非
協力となる.利得を一般化すると,**表1.1**のようになる.

1.4.2 協力と非協力はどちらが進化的に安定か

1.1節で協力について,「協力する人はコスト c を払って相手に協
力し,相手は利益 b を得る」とざっくりと単純化して説明した.こ
のゲームは一方向の協力関係になっており,ギビングゲームと呼ば
れている.囚人のジレンマゲームはお互いに協力し合うほうが,互
いに非協力の場合より有利な状況になっている.2人でお互い協力
し合う時は,それぞれの利得は $R = b - c$ となる.一方が協力で
一方が非協力の場合は協力者の利得は $T = b$,非協力者の利得は
$S = -c$ となる.お互い協力をし合わない場合の利得は $P = 0$ で
ある.囚人のジレンマゲームを満たす利得関係の条件は2つある.
$T > R > P > S$ と $R > (P + S)/2$ である.$b > b - c > 0 > -c$ は1
つ目の条件を満たす.2つ目は後ほど説明する反復囚人のジレンマ

ゲームの条件になるが，ギビングゲームでは $R = (P + S)/2$ となるため，2つ目の条件は満たしていない．

　では，表1.1のような囚人のジレンマゲームにおいて，協力と非協力ではどちらが進化的に安定な戦略となるのだろうか．進化的に安定な戦略の定義に照らし合わせてみよう．協力戦略をC，非協力戦略をDとする．協力戦略が進化的に安定になるのは，$E[C, C] > E[D, C]$ つまり $R > T$ の時である．しかし，囚人のジレンマゲームの定義上，$T > R$ であるため，協力戦略は進化的に安定な戦略とならない．非協力戦略が進化的に安定になる条件は $E[D, D] > E[C, D]$ である．これは $P > S$ であり，囚人のジレンマゲームの条件に一致する．つまり非協力戦略は進化的に安定な戦略である．これが意味することは，非協力戦略をとるプレイヤーが占める集団に協力戦略のプレイヤーが少数派で入ってきたり突然変異で現れたとしても，協力戦略のプレイヤーは次の世代でも数を増やすことはなく，結局は消滅してしまい，再び非協力者ばかりの集団となるのだ．もし協力者ばかりの集団があり，そこに非協力戦略のプレイヤーが少数で侵入したり，突然変異で生じたりすると，非協力戦略のプレイヤーの利得が高いために，次の世代で非協力者の数が増えてくる．これを数十世代繰り返していくと，集団は最終的には非協力者ばかりとなる．

1.4.3　スノードリフトゲームとブリザードゲーム

　囚人のジレンマゲーム以外の2者間ゲームを，学校での掃除を例にして紹介しよう．学校では生徒が教室の掃除をすることが日課になっている．仮に2人で掃除をする場合を考えてみよう．掃除は時間がかかり疲れてしまうため，コストがかかる．1人で教室全部を掃除する（コスト：$-c$）より，2人でおこなったほうが1人あたり

表1.2　スノードリフトゲームとブリザードゲーム

$b > c$ の時スノードリフトゲーム，$b < c$ の時にブリザードゲームとなる．

		相手	
		協力	非協力
自分	協力	$b - c/2$	$b - c$
	非協力	b	0

のコストを減少させることができる．仮に，それぞれが教室半分を負担するとする（$-c/2$）．掃除をすると快適になるので，利益 b を得る．どちらか一方が掃除をしても，2人で掃除をしても，2人とも b の利益を得るとする．お互い掃除を手伝えば，利得は $b - c/2$ となる．一方がサボって，一方が掃除をすると，サボったほうの利得は b となり，掃除をした人は $b - c$ となる．2人とも掃除をしない時は損も得もしないので 0 とする．**表1.2** にそれをまとめた．表1.1 の記号を使って表すと $R = b - c/2$，$T = b$，$S = b - c$，$P = 0$ となる．$T > R > S$ および $T > P$ は明らかである．

$b > c$ であれば $S > P$ となる．つまり，$T > R > S > P$ となる．これについてはゲームに名前がついている．ゴミ掃除ではなく雪かきにちなんだ名前となり，スノードリフトゲームと呼ぶ（チキンゲームとも呼ぶ）．もし $c > b > c/2$ であれば，$T > R > P > S$ となる．これはブリザードゲームと呼び，囚人のジレンマゲームの利得の大小関係と同じである．なおこの名前の由来であるが，ブリザード（猛吹雪）はスノードリフト（吹雪）よりも雪かきのコストがかかる，つまりコストが高いことにちなんでいる．

ではこの時，掃除や雪かきをする（協力）としない（非協力）はそれぞれ進化的に安定になるのだろうか？ 定義に当てはめてみよう．

まずは掃除をするが進化的に安定になるかどうかである．掃

除するを C, 掃除をしないを D とすると, $E[C, C] = b - c/2$, $E[D, C] = b$ であるので, $E[C, C] < E[D, C]$ となり, 進化的に安定ではないことがわかる. 次に, 掃除をしないが進化的に安定となるかどうかをみてみよう. $E[D, D] = 0$, $D[C, D] = b - c$ である. スノードリフトゲームつまり $b > c$ であれば $E[D, D] < E[C, D]$ となり, 掃除をしないことは進化的に安定とならない. $c > b > c/2$ の時は囚人のジレンマと同じになる. つまり, $b > c$ の時は進化的に安定な戦略が存在しないことになる. ただし, 進化的に安定な混合戦略が存在していることは知られている. これは確率的に C あるいは D を選ぶ戦略である. 詳細は酒井ら (2012) などを参照のこと.

1.5　進化ゲーム理論を使って社会を解析するとは

　序章でも述べたように, 人間で発達している能力の進化をみるために進化ゲーム理論を用いて解析するが, 一方で, 自然選択のプロセスが人間の意思決定や学習のプロセスに似ていることもあり, 進化ゲーム理論の考え方を用いて人間の社会現象を解析することも可能である. 本書では後者の立場に立つ理論を紹介する (**図1.3**). 以降では, 適応度は利得あるいは成功度合いや魅力度と解釈する.

　図1.3を用いて, 自然選択のプロセスが人間の意思決定や学習のプロセスに適用できることについて説明しよう. プレイヤーが戦略をランダムに変更することもあり, これは突然変異にあたる. 人間は気まぐれ, つまりランダムに意思決定を変えることもあるため妥当な仮定といえる. 利得の高い行動をとっているプレイヤーの戦略は他のプレイヤーから真似されやすいが, これは選択 (淘汰) にあたる. 自分の戦略をそのまま継続したり, あるいは次の時間において誰かがその戦略を受け継ぐとすると, これは遺伝にあたる.

　図1.3に具体例を示した. 6人とも戦略 X だったが, 気まぐれで

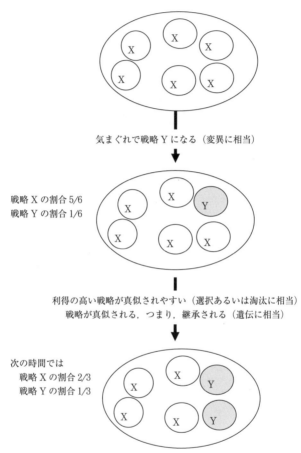

気まぐれで戦略 Y になる（変異に相当）

戦略 X の割合 5/6
戦略 Y の割合 1/6

利得の高い戦略が真似されやすい（選択あるいは淘汰に相当）
戦略が真似される，つまり，継承される（遺伝に相当）

次の時間では
戦略 X の割合 2/3
戦略 Y の割合 1/3

図1.3　社会の理解のために自然選択のプロセスを適用するとは

戦略 Y に変更したプレイヤーが 1 人いるとする．戦略 X と戦略 Y
のプレイヤーの利得をそれぞれ 2 点と 5 点とする．戦略 X の利得の
和は 10 点，戦略 Y の利得の和は 5 点となる．各戦略の利得の総和
の比に応じて戦略の真似されやすさが決まるとする．戦略 X を真

似る確率は 2/3, 戦略 Y を真似る確率は 1/3 となり, 平均的にみれば, 戦略 X と戦略 Y の頻度もそれぞれ 2/3 と 1/3 となる. これを続けていくと, 戦略 Y のプレイヤーは集団中で増える.

1.6　進化ゲーム理論の解き方

　進化ゲーム理論は, Box 2 で説明した通り微分方程式のような数理モデルを使って解析できる. 構築した数理モデルによって平衡点や解析解を数学的に求めることができれば一番よいが, そうでない時はコンピュータを用いた数値計算によって動態や平衡点を計算する. 一方, モデルの仮定によっては数理モデル化が難しい場合もある. この時は, コンピュータ上でプログラム言語を用いてエージェントベースモデルを構築する.

　エージェントベースモデルとは何かを少し説明しよう. エージェントはプレイヤーともいう. 構築したいモデルによってエージェントを個人とするか, 企業とするか, 国家とするかを決めていく. そして, 各エージェントに行動ルールを与える. イメージとしては図 1.3 のようなものである.

　実は, 進化ゲーム理論とエージェントベースモデルは非常に馴染みがよい. なぜならば, 進化ゲーム理論では, ゲーム理論のように他人の行動を読みに読んで行動するようなプレイヤーは想定せず, それほど賢くないプレイヤーを想定する. そのおかげで, プログラム言語でエージェントの意思決定や行動をプログラムしやすい. また, それなりの大人数の集団を設定し, エージェントの相互作用によって集団全体の挙動をみるにはシミュレーションが便利である. 第 3 章以降で紹介する研究の多くはエージェントベースモデルを用いている.

協力を進化させるメカニズム

　人間だけでなくそれ以外の生物でも，自己犠牲的な協力行動がみられる．協力が進化する条件については，生物学でも研究が進んでいる．それらの考えは人間社会の理解にも役立つ．本章で詳しく紹介していこう．

2.1　血縁選択（血縁淘汰）：親戚は助け合うか

　血縁選択は，近親者間における利他行動の進化を説明する．有名な例としてはアリやハチのような社会性昆虫がある．

　この本では人間社会を念頭に置くが，親族間における利他行動は中心的なテーマとはせず，血のつながりのない他人とどのように協力関係を築いていくかということに着目する．血縁選択について興味のある方は，良い入門書である酒井ら (2012) を参照してほしい．

2.2　群選択（群淘汰）：集団のために尽くす

　群選択はグループ選択とも呼ばれる．生物は群れやグループ内で

生きている．血縁選択の例として挙げた社会性昆虫も，コロニーというグループで生活している．群れで生きている限りは群れを絶滅させないようにしなければならない．しかし，グループのために尽くす個体と，何もせずにその恩恵を被る個体がいれば，何もしない個体のほうが利得は高くなる．そのため，グループに尽くす個体は，自然選択で排除されてしまう．

　しかし，グループの生産性が高いほどグループの絶滅リスクが下がる状況や (e.g. Levin and Kilmer, 1974)，協力者を多く含むグループのほうがグループ間の競争に有利になる状況ならば，協力者を多く含むグループは生き残り，新しい場所に進出できる．その結果，自己を犠牲にしても協力する者が増える．人間の部族内に対する協力傾向と部族間に対する闘争傾向という二面性をこの論理で説明する研究者もいる (Choi and Bowles, 2007)．ただ人間の場合は，人間がつくり出した社会規範や文化などの学習・継承が絡み，継承の仕方も遺伝子の継承システムとは異なる．これらを考慮してグループ選択を「文化グループ選択」と呼ぶこともある (Richerson et al., 2016)．

2.3　互恵的利他主義：同じ人と繰り返して付き合うと

　互恵的利他主義は，直接互恵性ともいう．繰り返し同じ人と相互作用する状況において協力が達成されやすい．自分の職場や学校，家の近所でよく会う人であれば，その人に協力しなかった場合には次にその人から協力をしてもらえない可能性が高いため，協力しておくほうが有利になることは直感的にもわかる．これを進化ゲーム理論の観点で研究を始めたのが Axelrod and Hamilton (1981) である．まず彼らは，同じ相手と多数回続けて囚人のジレンマゲームをおこなう反復囚人のジレンマゲームの戦略を世界中の著名な研究

者から募集した. すると, 14 種類の戦略がエントリーされた. それらの戦略に協力か非協力かをランダムに選ぶ戦略を加えた 15 種類で, 反復囚人のジレンマゲームを総当たり戦でおこなった. 1 つの対戦におけるゲームの繰り返し回数は 200 回とした. 中にはベイズ推定を使って次の相手の手を推測し, 長期的にみてベストの手番 (協力か非協力か) を選ぶものもあった. そのような中, 一番利得の高い戦略はしっぺ返し戦略であった (tit-for-tat, TFT). この戦略は, 著名な数理心理学者であるアナトール・ラポポート教授からの応募で, 初回は協力, 次からは相手が前に出した手を真似るというものである (図 2.1a). しっぺ返し戦略は「自ら裏切るということはしない. 相手が裏切った場合に報復として裏切り返すが, 相手が協力してくると, 協力しなおす」という上品で寛大な性質をもっている. 2 プレイヤーともしっぺ返し戦略であれば, お互いずっと協力関係を続ける (図 2.1b). 他の戦略については, 『つきあい方の科学』に説明されている (Axelrod, 1984).

この結果を説明した上で再度戦略を公募したところ, 6 カ国から 62 の戦略がエントリーされ, しっぺ返し戦略がまたもや優勝した. しっぺ返し戦略が常に非協力となる AllD 戦略に対して進化的に安定な条件を Box 3 に示した.

これを皮切りに様々な研究が発展した. たとえば, 協力を選ぶところ確率的に間違えて非協力を選んでしまう場合は, しっぺ返し戦略は有利にならない. しっぺ返し戦略同士で反復囚人のジレンマゲームをおこなう時, たまたま間違えると協力関係が崩壊してしまうためである (図 2.1c). この時はパブロフ戦略 (Pavlov) が有利になる (Nowak and Sigmund, 1993). パブロフ戦略は, 表 1.1 の囚人のジレンマゲームにおいて R, T のように点が高いと同じ手番を続け, P, S のように点が低いと手番を変えるという戦略であり,

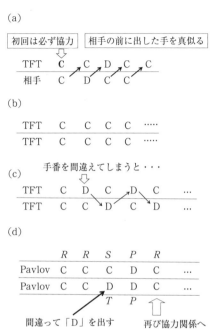

図 2.1　しっぺ返し戦略（a, b, c: TFT 戦略），パブロフ戦略（d: Pavlov 戦略，あるいは win-stay lose-shift 戦略とも呼ぶ）

Box 3　しっぺ返し戦略が AllD 戦略に対して進化的に安定になる条件

　しっぺ返し戦略のプレイヤーと AllD 戦略のプレイヤーが反復囚人のジレンマゲームをおこなうとする（**図**）．この時，次にゲームをする確率を反復確率 w とする．$w = 0$ であれば同じペアと 1 回しかゲームをしないが，$w = 0.5$ であれば，平均的に同じペアあたり繰り返して 2 回ゲームをおこなう．$w = 1$ であれば無限回反復囚人のジレンマゲームをおこなう．第 1 回目のゲームは必ずおこなわれる．第 2 回目は w の確率，第 n 回目のゲームは w^{n-1} の確率となる．図のように，第 1 回目のゲームではしっぺ返し戦略のプレイヤーは協力を

ゲームの続く確率	1	w	w^2	w^3	
回数	1	2	3	4	
TFT	C	D	D	D	……
AllD	D	D	D	D	……

図　しっぺ返し戦略 vs. AllD 戦略

選ぶが，2 回目以降は前の AllD 戦略のプレイヤーの手番を受けて非協力を選ぶことになる．すると，しっぺ返し戦略の利得の期待値は $E[\text{TFT/AllD}] = S + Pw + Pw^2 + ... = S + Pw/(1 - w)$ となる．同様にして，AllD 戦略のプレイヤーの利得の期待値は，$E[\text{AllD/TFT}] = T + Pw + Pw^2 + ... = T + Pw/(1 - w)$ となる．

同様にして，図 2.1b を参考にしっぺ返し戦略のプレイヤー同士で反復囚人のジレンマゲームをおこなうと，プレイヤーの期待利得は $E[\text{TFT/TFT}] = R + Rw + Rw^2 + ... = R/(1 - w)$ となる．

したがって，しっぺ返し戦略が進化的に安定になる条件は $E[\text{TFT/TFT}] > E[\text{AllD/TFT}]$ である．すると，$w > (T - R)/(T - P)$ の時に，しっぺ返し戦略は AllD 戦略に対して進化的に安定となることがわかる．たとえば表 1.1 の利得の時は，$w > 0.5$ となる．

AllD 戦略がしっぺ返し戦略に対して進化的に安定となる条件は，$E[\text{AllD/AllD}] > E[\text{TFT/AllD}]$ である．AllD 戦略同士で反復囚人のジレンマゲームをおこなうと 2 人とも常に非協力しか選ばないため，期待利得は $E[\text{AllD/AllD}] = P/(1 - w)$ となる．これを代入すると，$w < 1$ の時に条件が成り立つ．w は確率であるため 1 以下の値となることから，w の値にはよらず，AllD 戦略はしっぺ返し戦略に対して進化的に安定であることがわかる．

win-stay lose-shift 戦略とも呼ばれる，（図 2.1d）．図 2.1d では，間違って非協力を選んだ後の 2 回目に協力関係が戻っている．最近では，この他に恐喝戦略というのも着目されている（e.g. Press and Dyson, 2012）．

Sugden (1986) は,「TFT が手番を間違えてしまうと協力が崩壊するが, もし間違いの 2 回後に協力を選べば, 協力関係が戻る」ことに気がついていた. そこで, TFT の変形版である T₁ 戦略を考えた. これは, 評判も加味して反復囚人のジレンマゲームをおこなうものである. 詳細は **Box 4** をみてほしい. なお, 本書の第 6 章では, Sugden (1986) の研究をベースに, グループにおける保険制度萌芽期の組織の信用が確立するための条件を説明する.

Box 4　**Sugden (1986) の T₁ 戦略**

評判の良いプレイヤーは相手から協力してもらう資格がある, と考える. 評判が良い場合 good の頭文字をとって g とし, 評判が悪い場合は bad の頭文字をとって b とする. 行動についての戦略は, たいていは協力するが, 自分の評判が良く (g), 相手の評判が悪い (b) 時には非協力, という行動が最も有利となることを考える.

では, 評判はどのように変化するのだろうか？　Sugden (1986) は次の評判に関する査定ルールを考えた. つまり, 協力すべき時に実際に協力をするなら, 次回は自分は良い評判 (g) となる. (エラー等で) 非協力を選んでしまうと, 自分は悪い評判 (b) となってしまう. 評判が悪くなった時は, どこかで 1 回相手に協力すれば, その次には良い評判 (g) を取り戻せる, というものである. このような評判のつけ方は,「standing (英語で「評判」の意味)」という名前として知られている.

図は, T₁ 戦略のプレイヤー同士の反復囚人のジレンマゲームの例を示している. 初回は, 2 人とも評判が良いつまり評判 g であり, 手番として協力を選ぶ. するとプレイヤー B としては, 相手のプレイヤーの評判が g であるので, 2 回目は協力を選ぶ. プレイヤー A も同様の意思決定をするのだが, 間違えて非協力を選んでしまう. すると, 評判が良いプレイヤー B に対して協力すべきにもかかわらず, プレイヤー A は非協力を選ぶため, プレイヤー A の評判は悪くなる. 一方, プレイヤー B の評判は良いままである. プレイヤー A の評判が悪いの

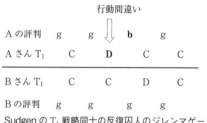

図　Sudgen の T_1 戦略同士の反復囚人のジレンマゲーム

で，3回目のゲームではプレイヤー A は T_1 戦略の行動戦略に則り協力を選ぶ．プレイヤー A は協力をすべき時に協力をしたので，評判は g に戻る．一方，プレイヤー B は T_1 戦略の行動戦略に則り，非協力を選ぶ．また，プレイヤー B の評判は良いままである．その結果，2人のプレイヤーとも良い評判に戻り，4回目のゲームにおいては T_1 戦略の行動戦略に則って，お互い協力を選ぶことになるのだ．つまり，協力へ戻ることができるのだ．

2.4　間接互恵性：評判によって協力を強化する

　私たちは，初対面で将来も繰り返し会うとは思えない人にも協力をする．旅行先で見知らぬ人から親切にされたり，知らない人が困っていても助けたりすることは多い．ではどのような仕組みによって，協力が可能になるのだろうか．前節で説明した互恵的利他主義（直接互恵性）では，これを説明することが難しい．

　間接互恵性という機構がある．この機構では，評判やゴシップなどを第三者から受け取り，その情報をもとにして初めて会った人に協力するかどうかを決める．また，人は，他人にどう評価を受けるか，どんな評判を立てられるかを気にして，今後会う予定もない人に対しても協力的に振る舞う．

　これに関する進化ゲーム理論を用いた研究に，Nowak and Sig-

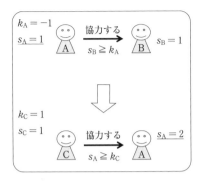

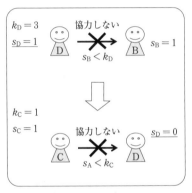

図 2.2　イメージスコア

mund (1998) がある. Nowak and Sigmund (1998) では, n 人集団から 2 名をランダムに選び, 一方を受領者, 一方を提供者としてギビングゲームをおこなう. 各プレイヤーはスコアと呼ばれる指標をもち, 全員がこの値を参照できる. プレイヤーは他のプレイヤーに協力するとこのスコアが 1 点加算されるが, 協力しないと 1 点減点となる. 図 2.2 では, プレイヤー A はプレイヤー B に協力をしたため, プレイヤー A のスコアが 1 点上がっているが, 一方, プレイヤー D はプレイヤー B へ協力をしなかったので, プレイヤー D

のスコアは1点下がっている．スコアはその人の協力度合いを示す値であり，評判にもなっている．そして，相手のスコアの値に応じて，そのプレイヤーへ協力するかどうかを決める（図2.2）．あるプレイヤーは，スコアが非常に高いプレイヤーにしか協力をしない．またあるプレイヤーは，スコアが低い値，つまりマイナスの値のプレイヤーにも協力をするだろう．この協力の閾値は，人によって異なり，うまく成功するプレイヤーが広がる結果，閾値は適応的な値に進化する．

あるプレイヤーiの閾値をk_i，プレイヤーjのスコアをs_jとすると，$s_j \geqq k_i$であれば，プレイヤーiはプレイヤーjを良い人と判断して協力をすると仮定する．そうでない時は，プレイヤーiはプレイヤーjを悪い人と判断して協力をしない．例を挙げよう．図2.2では，プレイヤーAはプレイヤーBに協力をしてプレイヤーAのスコアが上がったおかげで，プレイヤーCに出会った時にプレイヤーCの閾値よりもプレイヤーAのスコアが高く，プレイヤーCに良い人だと思われ協力してもらっている．図2.2では協力をしなかったために，他の人から協力をしてもらえなくなった例も挙げている．この例からわかるように，閾値が低いほど，スコアが低い相手にも協力をする．つまり，過去に協力をしない傾向が強い人に対しても協力する戦略になる．これは誰に対しても協力するという意味で，閾値の低いプレイヤーは協力的な戦略になる．一方，閾値が高いというのは，過去に協力をたくさんした人にしか協力しないという戦略と解釈する．つまり，閾値が高いというのはあまり協力をしないということで，非協力的な戦略と解釈できる．このスコアに似たものは日常でも使われている（**Box 5**）．

このイメージスコアの仮定では，非協力者に協力をしても，スコアが1点加算され，非協力者に対して協力しなければスコアが1点

Box 5　日常に溢れている「イメージスコア」

　イメージスコアに似たものが日常でも使われている．たとえば，インターネットショップの商品や出品会社へのレイティングである．

　中国のアリペイのセサミクレジット（芝麻信用）では，5つの信用スコアを設定して，それをもとにしてユーザーに350〜950点までの点数をつけ，信用力の格付けをおこなっている．5つの要素とは，クレジットカード等に関する信用履歴，契約義務を果たす能力，住所などの個人的な情報，買い物習慣などから図る行動と嗜好，付き合う人の学歴・社会的影響力等という（Botsman, 2017; 小川，2019）．中国では，点数の高い人は様々な特典を受けているようだ．一方，点数の低い人は公共交通機関の利用が制限されるような「罰則」が与えられているという (https://wired.jp)．もちろんこれについては賛否両論がある．

　また，ケニアやフィリピンといった新興国で，銀行で必要とされる信用履歴がない人たちにローンを提供する Tala という会社がある．この会社では，ローンを組みたい人のスマートフォンのデータを収集し，その人の人脈の広さを計り，それをもとにして貸し付けを決めているという (Botsman, 2017)．

減点される．非協力者へ協力する人は良い評判が立つのか，非協力者へ協力しない人は悪い評判となるのか，は問題である．日常における他者への判断を考えてみると，どのような人に協力/非協力をしたのかによって評判が決まっている．そこで，直接互恵性の Box 4 で紹介した Sugden (1986) の評判をもとにした反復囚人のジレンマゲームを，1回きりのギビングゲームに適用した研究が 2000 年代に入ってから始まったのである．

　Sugden (1986) の T_1 戦略をわかりやすく書くと，**表 2.1** になる．しかし，様々な疑問が生じる．たとえば，悪い評判のプレイヤーに協力をした人は良い評判になるというルールだが，実際にそうなの

表中の G と B は評判を示し，G が良い評判，B が悪い評判となる．C と D はギビングゲームにおいて提供者がとった行動を示し，C は受領者を助けたこと，D は受領者を助けなかったことを示す．8 つの査定ルールのうち，5 つには先行研究によって S-Stand, Judge, Sugden rule, Kandori rule, Stand という名前がつけられている．他の 3 つのルールについては便宜上，第 5 章で紹介する研究（Shimura and Nakamaru, 2018）で SugKan rule, KanSug rule, G-Judge というように名前をつけた．たとえば，X＝G，Y＝G，Z＝C では，この表から提供者の評判は G となることがわかる．8 つの査定ルールでの共通部分は灰色の列（a, b, d, e, f）で示す．

表 2.1　8 つの査定ルール

提供者の評判（X）	G				B			
受領者の評判（Y）	G		B		G		B	
提供者の行動（Z）	C	D	C	D	C	D	C	D
S-stand（T_1 戦略）	G	B	G	G	G	B	B	B
Judge	G	B	B	G	G	B	B	B
Sugden rule	G	B	G	G	G	B	G	G
Kandori rule	G	B	B	G	G	B	B	G
SugKan rule	G	B	G	G	G	B	B	G
KanSug rule	G	B	B	G	G	B	G	G
Stand	G	B	G	G	G	B	G	B
G-Judge	G	B	B	G	G	B	G	B
列番号	(a)	(b)	(c)	(d)	(e)	(f)	(g)	(h)

だろうか．評判の悪い人に協力した人は悪い評判になることもありそうな気がする．また，良い評判の人へ協力すべきという行動規範は納得できるが，評判の悪い人は評判の悪い人に協力すべきという行動規範は協力の進化を促進させる上で重要なのか，などである．そこで，Ohtsuki and Iwasa（2004）では，可能な行動戦略および査定ルールすべての組み合わせを仮定し，手番間違えや評判の認識間違えがある時に，常に非協力な戦略に対して進化的に安定になるかどうかを数理モデルを立てて調べた．Ohtsuki and Iwasa（2004）では，8 つの戦略が常に非協力な戦略に対して進化的に安定になって

いることを示し，これを leading eight と名付けた（表 2.1）．T_1 戦略もこの中に入っている．この 8 つの査定ルールの共通点（表 2.1 の灰色の部分）としては，「良い人に協力をする人は良い人であり，良い人に協力をしない人は悪い人である．自分の評判が良い時に悪い人へ協力をしなかった人は，評判は良いままである」ということであり，社会規範の進化と結びつけることができる．他にも同じような研究があるが，第三者への評判を話し合って合わせるかどうかや，ある時間区間ごとに以前の悪評判を帳消しにするかなど，モデルの仮定が異なっており，それに応じて進化的に安定になる戦略が異なるのは興味深い（e.g. Brandt and Sigmund, 2004; Takahashi and Mashima, 2006）．これらの研究を皮切りに，Sugden (1986) を応用した間接互恵性の研究は様々な方向へ発展している．

2.5　ネットワーク互恵性：空間構造の影響

進化ゲーム理論では集団中の相互作用を考える．この時，Box 2 で示したように，集団中のプレイヤーはランダムに相互作用すると仮定するとレプリケータ方程式に乗せることができ，数理モデル解析も容易になる．しかし，Box 2 で示したように協力は進化しない．また，Box 3 で示したように，反復囚人のジレンマゲームにおいてしっぺ返し戦略のプレイヤーの集団中の頻度が高ければ，AllD 戦略は駆逐されてしっぺ返し戦略のみになる．しかし，AllD 戦略が集団で多数派であると，しっぺ返し戦略のプレイヤーは駆逐されてしまい AllD 戦略のみになる．

実際には，相互作用する相手は，集団全体からランダムに選ぶわけではなく，自分の社会相互作用の範囲で付き合うことが多い．同じ学校に通う人や同じ学年で同じクラスの人ほど相互作用をしやすくなり，友達になる．社会人になってからでも同様である．つま

り，物理的な距離が近い人とより相互作用をしやすいのだ．最近では SNS 上の友達というものがあるが，趣味などの共通点でつながった人と情報のやりとりとなる．

　つまり，社会ネットワークがあってリンクでつながっている人との間で相互作用は生じ，それは物理的な空間であったり，インターネット上のバーチャル空間であったりする．あるいは，小さな集団に分かれていて，その小さな集団内ではランダムに相互作用をしているが，集団間の相互作用が少ない場合もある．そのような小さな集団内にもネットワーク構造があったり，小さな集団同士がつながったりしていることもある．

　ネットワーク互恵性の研究では，あるネットワーク構造の影響で協力が進化しやすくなるかをみる．たとえばレギュラーグラフでは，すべてのプレイヤーには同じ本数のネットワークが張られている．レギュラーネットワークのネットワーク数を k とする．正方格子の点上にプレイヤーが並んでいる時，プレイヤーが上下左右のプレイヤーとネットワークでつながっているのであれば（フォン・ノイマン近傍），$k = 4$ のレギュラーネットワークの一種となる（**図 2.3**d）．プレイヤーが上下左右に加えて斜めの 4 つのプレイヤーとネットワークでつながっているのであれば（ムーア近傍），$k = 8$ のレギュラーネットワークである（図 2.3）．

　他のネットワークの例としては，スケールフリーネットワークがある．これは，ネットワーク数が少ないプレイヤーが多数派で，たくさんのネットワークがあるプレイヤーは少数派であるという現実の状況をうまく表現している（図 2.3 および **Box 6**）．

(a) 湖の食物連鎖のネットワーク

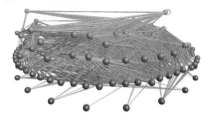

(b) 共著者ネットワーク

(c) 性関係のネットワーク

(d) 正方格子モデル
（レギュラーネットワーク）

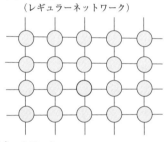

図2.3　様々な社会ネットワーク
a〜c は Neuman (2003) より.

Box 6　複雑ネットワーク

　2000 年代の幕開けにコンピュータの性能が向上し，インターネットも普及して，コンピュータを使って様々な情報を集める技術が確立しだした．Barabási and Albert (1999) はその技術をうまく利用し，様々な現実世界の膨大なデータを処理して，ネットワーク構造がベキ則（スケールフリー）となっていることを実証し，かつスケールフリーネットワークのアルゴリズムも提案した．この研究を皮切りに，大規模データを用いた様々なネットワーク研究が盛んとなった（詳細はNeuman (2003) や増田・今野 (2005, 2010) を参考のこと）．Neuman (2003) の中の図 2 には湖の食物連鎖のネットワークや，ある研究機関

における論文の共著者関係から割り出した研究者間ネットワークが載っている．性関係のある個人のネットワークも調べられており，このようなネットワーク関係の調査を通じて，社会問題になっている恐ろしい性病の広がるプロセスを知ることが可能になり，予防対策を論じることにもつながる．

　正方格子モデルは，エージェントベースシミュレーションではよく使われている．その理由に，エージェントベースモデルのプログラムが組みやすいことと，格子上で生じたことに関して因果関係がわかりやすいことがある．格子モデル上の動態は厳密には数学的には解けないが，近似手法を用いて解けることもある．そこで，ペア近似という手法 (Sato et al., 1994) を用いて解析した (Nakamaru et al., 1997, 1998)．Matsuda (1987) や Nowak and May (1992) の格子上での協力の進化の研究を参考に，Nakamaru et al. (1997, 1998) ではペア近似がしやすいモデルを構築した．Nakamaru et al. (1997, 1998) では，しっぺ返し戦略と AllD 戦略のプレイヤーが正方格子に並んでおり，隣り合う 8 個体のプレイヤーとそれぞれ 2 者間の反復囚人のジレンマゲームをおこなうとした．Box 3 で説明した反復確率 w によって，ペアあたりのゲームを反復する回数を決めた．また，Nakamaru et al. (1997) では，利得が低いほど確率的にその戦略が自分の戦略をやめて，周囲の 8 プレイヤーの戦略の中からランダムに戦略を選ぶという設定にした．これを得点依存生存率モデルと呼ぶとした．また Nakamaru et al. (1998) では，自分の周囲のプレイヤーの利得の中で，利得の高いプレイヤーの戦略ほど真似されやすいという設定とした．つまり，8 つのプレイヤーの利得の比で真似しやすさが変わる設定で，低い確率で利得の低いプレイヤーの行動を真似る可能性もある．これを得点依存増殖率モ

デルと呼ぶとした．2000 年代中盤になってネットワーク上の更新ルールの違いについての研究が盛んになったが，この 2 つのモデルの違いは更新ルールの違いであり，これらの研究はその先駆的な研究となっている．なお，2000 年代になって別の研究者は得点依存増殖率モデルを death-birth (DB) と呼んでいる (e.g. Ohtsuki et al., 2006)．

Nakamaru et al. (1997) と Nakamaru et al. (1998) の 2 つの研究の共通点は，しっぺ返し戦略の集団中の頻度が非常に低くても，格子モデルであれば AllD 戦略のプレイヤーばかりの集団に進化的に侵入が可能となり，しっぺ返し戦略のプレイヤーばかりの集団となった点，つまり協力的な社会に進化できるという結果が得られた点である．これに対して，ランダムに相互作用をおこなう時には全くしっぺ返し戦略は侵入できない (Box 3)．

2 つの更新ルールを比べると，得点依存増殖率モデルのほうが，得点依存生存率モデルより協力が進化しやすい．たとえば，1 次元格子モデルでは厳密に数学的に解析できたが，得点依存生存率モデルでは $w > w_{\mathrm{b}} = (T-S-R+P)/(T-S)$ の時，得点依存増殖率モデルでは $w > w_{\mathrm{c}} = (P(P+T)-R(R+S))/(R(P-S)+P(T-P))$ の時に，しっぺ返し戦略が初期頻度によらず常に AllD 戦略に勝つのだが，常に $w_{\mathrm{b}} > w_{\mathrm{c}}$ である．その理由は，得点依存生存率モデルのほうが他人の利得を下げる行動，つまり嫌がらせ行動（スパイト行動）が進化しやすいためである．

また，得点依存増殖率モデルのほうが，集団よりランダムに選んだ相手と相互作用する完全混合モデルよりも，しっぺ返し戦略が進化して協力が成立しやすいこともわかった．

2.6　処罰がもたらす協力[1]

　現実の世界をみると，協力しないものは処罰を受ける．社会において罰は様々な形で存在する．本節では罰の効果を考えてみよう．

　非協力者に対してあるプレイヤーが罰を下すとする．その結果，非協力者はコストを被る．そのコストとは，罰金や身体的なダメージかもしれない．説教されると時間もかかるし，気分を害する．悪い噂を流されるとか，悪い評判が広まるとなると，間接互恵性と同じ枠組みになる．その結果，協力が促進されてもよさそうだ．しかし，罰をする側にも負担がかかる．時間や金銭もかかる．身体的なダメージを与えるプレイヤーは自身も何らかのダメージを受ける．悪い噂を流す場合は言語を使うために時間コストなどはかからないが，嘘の噂でないことを伝えるため噂の信頼性を確保する必要がある．これについては第8章で論じる．

　被験者実験において罰を実行できる状態にしておくと，実際には実行しなくても協力率が上がったという研究もある (Fehr and Gachter, 2002)．この有名な実験研究では，なぜ罰があると協力率が上がるのか，という問いには答えていない．

　そこで進化ゲーム理論では，罰をする人が協力者であれば罰実行のコストを補償できるだろうという考えのもと，罰と協力の共進化に関する理論的な研究がおこなわれている（総説：Sigmund,

---

[1]　Nowak (2006) や Rand and Nowak (2013) の協力の進化に関する総説では，協力の進化の研究を上述の [1]-[5] のカテゴリーに分けている．罰についてはカテゴリー化していない．彼らの論文によると，わざわざ罰をカテゴリーに加える必要はなく他のカテゴリーで説明が可能であるからという．そのように考えると，群選択はネットワーク互恵性の中に含めることができ，群選択と血縁選択も同じカテゴリーでもよくなってしまう．つまり，研究者によってカテゴリーの分け方は様々で，論争もあるようだ．

2007). 私も 2.5 節で紹介した Nakamaru et al. (1997, 1998) の研究をヒントに，罰と協力の進化に関する研究をおこなっている．2.5 節の最後に述べたように，格子モデルでは協力が進化しやすくなるとともに嫌がらせ行動も進化しやすい．そして，罰行動はコストをかけてまで相手にダメージを与えるという観点からすると，嫌がらせ行動と似ている．そこで Nakamaru and Iwasa (2005, 2006) において，得点依存増殖率モデルと比べて得点依存生存率モデルのほうが，格子モデルでも完全混合モデルでも，非協力者へ罰もする協力者のプレイヤー（AP プレイヤー）が進化しやすくなることを示した．この研究では，罰をする，罰をしないという戦略を仮定したが，実際には相手の協力レベルに応じて罰の度合いを変えることもある．そこで，どのように罰のレベルを変えていくと協力が進化しやすいのかを調べた (Nakamaru and Dieckmann, 2009; Shimao and Nakamaru, 2013).

　実証研究によると，社会規範の厳しくない国ほど協力者へ罰をするという (Herrmann et al., 2008). そこで Rand et al. (2010) では Nakamaru and Iwasa (2006) をベースに，協力者へ罰をする戦略も加えて解析をした．

　一方で，文化人類学者などからは，個人で非協力者を罰することはリスクが高く，警察機構のような全体による罰のほうが現実的といわれている (e.g. Guala, 2012).

　第 5 章で頼母子講のフィールド調査を紹介するが，そこでも表向きには「罰」はない印象である．フィールドワークでは本心を聞き出すことは難しいため，罰のような，悪い印象を与えることはなかなか聞き出せない．罰を調べることは非常に難しいのである．

　明文化されている罰といえば，社会制度を遵守させるためのものがある．第 7 章では，産業廃棄物の不法投棄における地方自体から

の制裁の影響について，非対称ゲームのレプリケータ方程式を用いた数理モデル化による検証を紹介する．

2.7 多数のプレイヤーの協力

　さて，ここまで2者間の相互作用に着目した研究を紹介した．その多くは囚人のジレンマゲームをもとにしている．2者間の関係も大切であるが，3者以上の協力関係も日常茶飯事である．

　たとえば，掃除のために n 人みんなでお金を出し合って掃除機を購入するとしよう．お金を出してくれる人の人数を n_c とする（$n_c \leqq n$）．協力者が多いほど良い掃除機を購入できる．かかる投資額（コスト）は $-c$ とし，それによって掃除機を購入して部屋を綺麗にするという貢献をする．個人はそれぞれ b ほど貢献しているとする（$b > c$）．n_c 人が協力をした場合の貢献は bn_c となり，その貢献から得られる個人の利益は，全員に均等配分されるとする．すると，協力者の利得は $E_c(n_c) = bn_c/n - c$，非協力者の利得は $E_d(n_c) = bn_c/n$ となる．このゲームを公共財ゲームと呼ぶ．公共財ゲームの性質として，まず1つ目に，全員が協力をする時のほうが，誰も協力をしない時に比べて利得が高い，つまり $E_c(n) > E_d(0)$ という性質がある（$b > c$）．2つ目の重要な性質は，自分以外の協力者の数が固定されていれば，自分は協力するより非協力であるほうが利得が高くなるということである．つまり，$E_c(n_c + 1) < E_d(n_c)$ である（$b < cn$）．これは，自分だけ協力することをやめて非協力を選べば，得をするという状況を意味する．これが非協力のインセンティブになってしまうのだ．公共財ゲームは，グループ内の協力におけるジレンマ状況をうまく表すモデルとして，様々な研究で使われている．

　しかし，世の中のグループをモデル化する場合に公共財ゲームと

は構造が異なることもある．公共財ゲームでは全員が全員のために協力するかどうかを判断するため，all-for-all 構造と名付けよう．

　一方，グループ内で個人が他の個人に対して協力する場合もある．つまり個人間のやりとりで，グループ全体として協力者が多いかどうかということである．1 人が 1 人のためにという意味で，このやりとりを one-for-one 構造と名付けよう．これは集団における 2 者間のギビングゲームや囚人のジレンマゲームにあたる．

　1 人がみんなのためにという one-for-all 構造や，みんなが 1 人のためにという all-for-one 構造はあるのだろうか．実際，身の回りにはそのような構造がある．たとえば，one-for-all 構造は，地域のゴミ当番やかつては日本のどの地域にもあった火番（中丸・小池，2015a, b）にあたり，輪番でおこなうことが多い．家を複数人でシェアする場合は，共有スペースの掃除当番は全員でおこなうより輪番制になっていることが多い．実は至るところで，one-for-all 構造がみられるのである．これについては Diekmann (1985) が，ボランティアズジレンマとしてモデル化をおこなっている．

　では，みんなが 1 人のためにという構造になっている all-for-one 構造はどうだろうか？　ある人がお金に困っている時，仲間で出資し合う場合などにあたるだろう．今の時代では銀行からお金を借りることが多いが，銀行がない時代や銀行からお金を借りられない状況では，銀行をあてにするわけにはいかない．all-for-one 構造のような協力関係をつくり，資金を工面していた．これは第 4 章や第 5 章で紹介する頼母子講にあたる．日本では頼母子講あるいは無尽というが，沖縄では模合と呼ぶ．実はこのような制度は日本に限らず，アジアやアフリカでも古くからある通文化的な制度なのだ．英語では rotating savings and credit association (Rosca) と呼ばれている．人は，自ら資金を集めるシステムをつくり上げるのだ．

構造	(a) all-for-all	(b) all-for-one	(c) one-for-all	(d) one-for-one
投資・協力	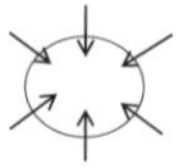 全員	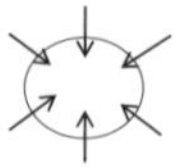 全員	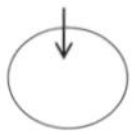 1人(あるいは数名)	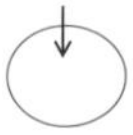 1人
受益者	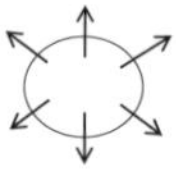 全員	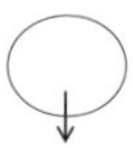 1人(あるいは数名)	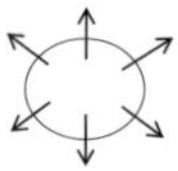 全員	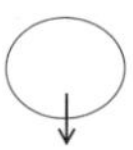 1人
例	ゴミ問題,地球環境問題	頼母子講,信用組合,労働組合,共済組合	市町村のゴミ当番,学会の年次大会	集団内での個人間の助け合い
ゲーム	公共財ゲーム	相互援助ゲーム,回転非分割財ゲーム	ボランティアズジレンマ	囚人のジレンマゲーム

図 2.4 グループにおける協力の形態

19 世紀から 20 世紀初頭のイングランドでは労働者でグループをつくり，病気になって資金が必要なメンバーのために他のメンバーが出資するという，初期段階の保険制度があった．これについては Sugden (1986) が相互援助ゲームとしてモデル化をおこなっている．詳細については第 6 章で説明する．このように，グループにおける協力は，大きく分けると 4 通りあることがわかる（図 2.4）．

では，この本の主題である信用に戻ろう．信用の起源や基盤はグループ内での協力関係や相互扶助にあたる．そしてグループ内での協力関係の構造は，大きく 4 つに分けることができる．このような構造は，人間だからこそつくることができるものである．以降の章ではこのそれぞれについて，協力が進化する条件を考えてみよう．

グループメンバーの
選び方と協力の進化

3.1 グループメンバーをどう決める？

　大きな組織であれば，その中で様々なグループに分かれていることが多い．組織の目的に合わせてグループ内で仕事を効率良く進めるにはメンバーの協力が欠かせない．では，グループメンバーをどのように選べば，協力的なグループができ，仕事も効率的に進むのだろうか．これは，学校におけるグループワーク，企業，趣味のサークル活動というように至るところで重要な課題となっている．

　グループのメンバーを決める時には，個人がグループを選んでそのグループのメンバーになりたいかどうかを決め，グループもその人をメンバーとして承認するかどうかを決める必要がある．ここでは，プレイヤーがグループを選ぶ時の意思決定における判断基準を「入会条件」，グループがメンバーを選ぶ時の意思決定における判断基準を「許可条件」と呼ぶことにする．

　グループメンバーとなるためには，入会条件と許可条件の2つを

満たされなければならない場合と，入会条件と許可条件のいずれかを満たせばよい場合とがある．たとえば，会社に入社する場合には，「その会社に入りたいという思い」と，「会社によるスクリーニング」があるので，入会条件と許可条件の両方が満たされなければならない．ところが，一旦会社などの組織の中に入り，自分の意思にかかわらず人事によって部署が決められるとか，あるグループに参加して仕事をおこなうことがあるとすると，入会条件はほぼ機能せずに許可条件のほうが効くだろう．

　巷のスポーツジムであれば，入会を希望すれば基本的には入会できるため，入会条件が効くだろう．ただ，入会金や利用料を払うという前提があり，払えない人は強制退会となるため，許可条件は経済的基準として効くことになる．この場合には，人柄でメンバーを選ぶというわけではない．

　児童文学で有名なローリング著の『ハリー・ポッターと賢者の石』では，主人公はホグワーツ魔法魔術学校入学時に学生寮にも入るのだが，各学生の所属する寮を組分け帽子が選ぶという話がある．組分け帽子はハリーに「スリザリン」寮を勧めようとした．これは許可条件にあたる．しかし，ハリーはそれを拒んだ．これは入会条件にあたる．結局，入会条件と許可条件が一致した「グリフィンドール」に入った．アメリカの大学でも学生寮がいくつかあり，入学した学生はどこかの寮に必ず所属するという．そこでも，入会条件と許可条件がともに効いてくるようである．カルフォルニア州ビバリーヒルズに住む大学生たちを主人公としたテレビドラマ『ビバリーヒルズ青春白書』でも，主人公たちが大学に入った時に，これを扱った場面があった．大金持ちしか入れない寮があり，主人公の友人で大金持ちとして有名な人に入寮許可が出るという話だったと記憶している．

　このように，様々なところに入会条件と許可条件がある．入会条件のほうが効く場合，許可条件のほうが効く場合，両方効く場合とがあるが，これらの条件は，グループとしての活動や成果にどのように影響するのだろうか．

　入会条件の判断基準について，例を挙げて説明しよう．グループメンバーの中で非常に評判の良い（もしくは悪い）人が1人でもいれば，その人の評判がグループの評判となることがある．たとえば『ハリー・ポッターと賢者の石』では，ハリー・ポッターが「スリザリン」寮に入寮を拒んだ理由に，この寮が闇の魔術師として悪名を馳せている魔法使いの出身寮ということや，大嫌いなマルフォイの入寮がここに決まったことがある．この寮に良い人もいるかもしれないが，ハリー・ポッターは代表的な人たちをみてグループの評判としたのである．つまり，グループの評判を判断する時に人は単純化して，目立つ人の評判をグループの評判としてしまうことがあるのだ．あるいは，グループ構成メンバーの評判の平均値や中央値をグループの評判と捉えることもあるだろう．

　同様のことが許可条件の判断基準についてもいえる．グループメンバーの中で一番判断基準の厳しい人の意見をもとにメンバーを選ぶ場合がある．これは，満場一致でその人がグループメンバーとして認められることと同じになる．一方，一番基準の緩い人の基準をもってグループに入れる場合もある．メンバーの数を増やしたいが，かといって誰でもメンバーになれるというのではグループとして良くないという時に，厳しい人の意見は通らず，緩い人の意見が通る場合などにあたる．あるいは，話し合いの結果，無難にグループメンバーの判断基準の平均や中央値をもとに決めている場合もあろう．

　グループ形成の意思決定に関する理論研究は，ほとんどなされ

ていなかった．従来の多くの研究は，2者間での相互作用において
ゲームを続けるかどうかに関するものであった．一番近い先行研
究には，空間構造がある状況において2者間の反復囚人のジレン
マゲームをおこない，空間上を逃げる（つまり，その相手から遠ざ
かる）というモデルがあった（Aktipis, 2004）．このモデルはメン
バーの脱会意思を扱ってはいるが，グループのほうがメンバーを受
け入れるかどうかの意思決定は扱っていない．

　そこで，ここからはNakamaru and Yokoyama（2014）における
進化ゲーム理論の枠組みでのモデルと結果について説明しよう．

3.2　進化ゲーム理論に基づくモデル

　グループの入会条件と許可条件がグループにおける協力の進化に
影響するかどうかを調べるために，まず基本モデル，つまり入会条
件，許可条件のないモデルを考える．次にこの基本モデルに入会条
件と許可条件を加えることで，これらのそれぞれの条件が及ぼす影
響について調べる．その上で，入会条件と許可条件の両方がある場
合についてのシミュレーション解析をおこない，2つの条件が結果
に及ぼす影響を考察する．

3.2.1　基本モデル

　まず基本モデルを説明しよう．

(i) プレイヤーが N 人いるとする（ここでは $N = 100$ と $N =$
1,000 を調べた）．プレイヤーは協力者か非協力者のどちらか
であるとする．N 人を N/m 個のグループにランダムに分ける
と（$m \leq N$），平均 m 人からなるグループができる．

(ii) 次に，各グループで以下に説明する相互作用（＝公共財ゲー

ム，2.7 節参照）を，1 世代につき h 回おこなう．グループに m 人プレイヤーがいて，そのうちの m_c 人が協力者，$m - m_c$ 人が非協力者としよう（$m_c \leqq m$）．協力者は公共財ゲームにおいて「1」を投資するが，非協力者は何も投資しない．投資総額は $1 \times m_c = m_c$ となる．これに利益 b をかけたものを，全員に均等に分配する．つまり，全員は bm_c/m を受け取る．すると協力者の利得は $\dfrac{bm_c}{m} - 1$ となり，非協力者の利得は bm_c/m となる．公共財ゲームを h 回繰り返すとしているが，前の回の結果を受けて戦略を変えるようなことは仮定しないため，h 回後の協力者の利得 $E_c(h)$ は $h\left(\dfrac{bm_c}{m} - 1\right)$，非協力者の利得 $E_d(h)$ は $h(bm_c/m)$ となる．

(iii) それぞれの世代の終わりに，協力者全員の利得の総和 T_c と非協力者全員の利得の総和 T_d を計算する．そして，あるプレイヤーは確率 $T_c/(T_c+T_d)$ で協力者となり，確率 $T_d/(T_c+T_d)$ で非協力者となる．これは利得の高い戦略を真似ていることになる．その後，各プレイヤーは確率 μ で利得とは関係なしに，ランダムに協力者になるか非協力者になるかを決めるとする．このシミュレーションは自然選択を模したアルゴリズムになっているが，前者の利得に応じて戦略を変えることは選択に対応し，後者のランダムに戦略を変えることは突然変異にあたる．こうして 1 世代が終わる．そして，(i) へ戻り，(i)〜(iii) を G 世代繰り返す（$G = 10,000$）．

なお，最初は，集団中には非協力者しかいないとした．

常に非協力者の利得のほうが協力者の利得より高いため（$E_d(h) > E_c(h)$），世代を経るにつれて非協力者が増えてくる．**図 3.1** に 10,000 世代後の集団中の協力者の割合を示す．協力者は集団

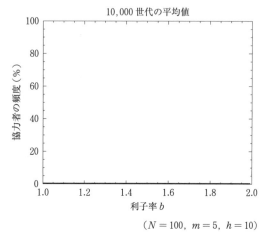

$(N = 100,\ m = 5,\ h = 10)$

図 3.1　基本モデルの時の集団中に占める協力者の割合と利子率 b の関係

中で増えることができず，ほぼ 0 になっている．つまり協力は進化できない．

3.2.2　入会条件を加えた時のモデル

　基本モデルに入会条件だけを加えたモデルを考えてみよう．具体的には，基本モデルの (i) と (ii) の間に入会条件を導入し，グループメンバーの取捨選択をおこなうモデルとなる．

　入会条件では，加わろうかどうか考えているプレイヤーは，グループを評価し，自分の判断基準をもとにして，そのグループのメンバーとなりたいかどうかを決める．グループの評価や個人の判断基準については，Nowak and Sigmund (1998) のイメージスコアのモデルを参考にした（第 1 章を参考のこと）．モデルでは次のように仮定した．各プレイヤーは評判レベル (s) をもつ．この評判レベルは各世代の初めでは 0 の値で，他人に協力すると 1 加算され，協

力しなければ1減少する．つまり，評判レベル (s) は他人に協力しているかどうかを示す指標であるが，その時相手がどういう人かは気にしない．このイメージスコアは全員が知っていると仮定するため，各人の評判レベルは評判にあたる．評判レベルは進化形質ではなく，次世代には引き継がれることはない．

　また各プレイヤーは，戦略として入会に関する判断基準 (k_{pa}) をもつとする．この入会の判断基準が，進化する形質であるとする．つまり，利得が高いプレイヤーの判断基準を，他のプレイヤーが模倣し，それが広がっていくことになる．

　各プレイヤーは，(i) でランダムにグループに配置され，その後，そのグループの正式なメンバーとなって公共財ゲームに参加することを選ぶか，グループメンバーにはならず公共財ゲームをしないことを選ぶか，を判断する（**図 3.2**）．この時，グループの評判を S_g とし，グループの評判があるプレイヤーの入会の判断基準以上であれば（$S_g \geqq k_{pa}$），そのプレイヤーはグループの正式なメンバーになるとする．もしグループの評判が，あるプレイヤーの入会の判断基準より低ければ（$S_g < k_{pa}$），グループの公共財ゲームには参加しないとする．グループメンバーの候補者全員がそれぞれこのような意思決定をおこない，グループに留まるかどうか決める．

　グループの評判 (S_g) があるとして考えてきたが，具体的にそれはどのように決めればよいのだろうか（**図 3.3**）．グループの評判は，グループを構成するメンバー候補者の評判で決まるとしよう．そこで，グループメンバー候補者の中で一番評判の良い人の評判をグループの評判とする場合（Maximum S_g），候補者の評判の平均値をグループの評判とする場合（Average S_g），中央値をグループの評判とする場合（Median S_g），候補者の中で一番評判の悪い人の評判をグループの評判とみなす場合（Minimum S_g）の4種類を考

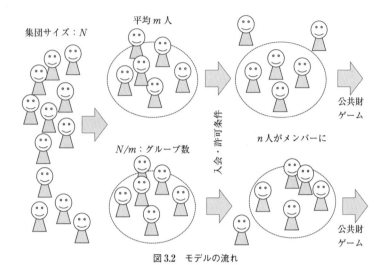

図 3.2　モデルの流れ

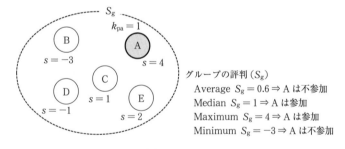

グループの評判 (S_g)
　Average $S_g = 0.6 \Rightarrow$ A は不参加
　Median $S_g = 1 \Rightarrow$ A は参加
　Maximum $S_g = 4 \Rightarrow$ A は参加
　Minimum $S_g = -3 \Rightarrow$ A は不参加

$S_g \geq k_{pa}$：参加する
$S_g < k_{pa}$：参加しない

図 3.3　入会条件

える.

　現実には，人によってグループ評価の方法は異なるはずだが，ここでは簡単のため，全員が同じやり方でグループの評判をつける場合について，評判のつけ方の影響を調べた.

　もし，グループに留まらない，つまりグループでおこなう公共財ゲームに参加しないという意思決定をおこなうと，ゲームによって生じる利得はない．また，ゲームにおいての意思決定をおこなわないため，評判レベルも変化しないとする．

　そして，k_{pa} は進化形質であるので，基本モデル (iii) において，協力と非協力が選択されて進化するが，それに加えて k_{pa} の値も選択され進化する．つまり，ある k_{pa} 値をもつプレイヤーは，利得の高いプレイヤーの k_{pa} を真似るとする．また，人はランダムに意思決定を変えることもある．これを自然選択の「突然変異」と同じとして扱い，突然変異が確率 μ で生じるとする．なお，協力や非協力に関する形質と，判断基準 k_{pa} とは独立に継承されるとする．

　最初は集団中に非協力者しかいないとする．k_{pa} の値は −6〜6 とし，一様乱数を各プレイヤーに割り振った．第 1 章で紹介したイメージスコアの仮定に倣って，評判レベル (s) の範囲は −5〜5 とした (Nowak and Sigmund, 1998)．つまり，もし評判値が 5 より大きくなったとしても 5 のままであるとし，−5 より低くなったとしても −5 のままとした．

　図3.4 が 10,000 世代の進化シミュレーション結果である．グループの評判を評価する 4 種類のやり方についてそれぞれシミュレーションをしているが，グループの評判のつけ方がどれであっても，集団全体における協力者の数はほぼ 0 となっている．

　かなり意外なことに，個人がグループに入るかどうかを決める時，グループの評判のどれを使って望ましいグループに入りたいと考えても，協力者は増えない，つまり協力は進化しないことがわかった．日常生活の中でグループを選ぶことは多い．グループ内で協力をすることで何かを成し遂げる場合，メンバーがグループを選ぶだけだと，グループの協力は崩壊してしまうといえる．

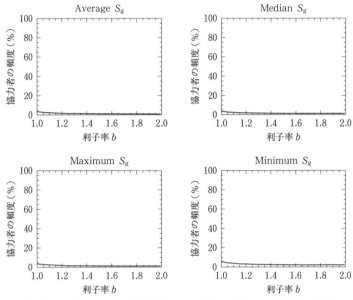

図 3.4　入会条件を加えた時の集団中に占める協力者の割合と利子率 b の関係

　では，なぜそのような結果となったのだろうか．非協力者にとっては，グループメンバーとして残って公共財ゲームをおこなったほうが，ゲームに参加しないより利得が高くなる．もし公共財ゲームのメンバー全員が非協力者となると，参加しようがしまいが利得は変わらないが，1 人でも協力者がいると，非協力者は得をする．協力者の場合は公共財ゲームをおこなうメンバーの中で協力者の割合が高い時に，参加しない時に比べて参加したほうが利得が高くなる．プレイヤーが望ましいグループを選ぶというだけでは，非協力者を排除することができないからである．

3.2.3　許可条件を加えた時のモデル

では次に，基本モデルに許可条件だけを加えたモデルを紹介しよう．基本モデルの (i) と (ii) の間に許可条件を導入し，グループメンバーの取捨選択をおこなうことになる（**図 3.5**）．以下ではこのモデルの仮定を説明する．

グループメンバーの候補者をランダムに決めた後（基本モデル (i) の後），グループメンバーの候補者同士で，あるメンバーにグループにそのままい続けてもらって公共財ゲームに参加してもらうか，それともグループから排除するかの意思決定をおこなう．グループでの意思決定はどのように表すとよいだろう．グループでの判断基準 K_g があり，各メンバーの評判レベルが K_g 以上であれば，そのメンバーはグループに居残ることができるとしよう（図 3.5）．K_g より評判レベルが低い値であるとグループから排除されるとする．まずは，各人が判断基準 k_{ex} をもっているとし，これを進化形質とする．するとグループの中には様々な k_{ex} をもつメンバーがいることになる．グループで一番基準の厳しい人の基準をグループの基準とする場合もある（図 3.5）．これを Maximum K_g と

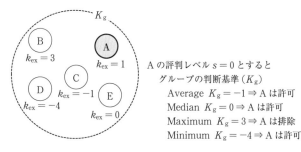

A の評判レベル $s = 0$ とすると
　グループの判断基準（K_g）
　　　Average $K_g = -1 \Rightarrow$ A は許可
　　　Median $K_g = 0 \Rightarrow$ A は許可
　　　Maximum $K_g = 3 \Rightarrow$ A は排除
　　　Minimum $K_g = -4 \Rightarrow$ A は許可

$s < K_g$：グループから排除
$s \geq K_g$：入会許可

図 3.5　許可条件

呼ぼう. 図 3.5 では, 5 人のグループメンバーがいて, A さんの k_{ex} が 1, B さんの k_{ex} が 3, C さんの k_{ex} が -1, D さんの k_{ex} が -4, E さんの k_{ex} が 0 とすると, グループでの判断基準 K_g は 3 となる. そしてある人の評判レベルがグループの判断基準値の 3 以上であれば, グループに残ることができる. 図 3.5 では, A さんの評判レベル (s) が 0 となっており, K_g 以下の値なので, A さんはグループには残れない. グループに残ることができたプレイヤーの評判レベルは, 全員の判断基準値 (k_{ex}) 以上になっている. つまり, 全員からグループの正式メンバーになることを許可されたことになるため, 全員一致ルールと解釈することもできる.

グループの判断基準としては, これ以外に, 平均値基準, 中央値基準, 最小値基準を考える. 平均値基準では, グループの判断基準 (K_g) はグループメンバーの各基準値の平均値とする. この基準値を Average K_g と呼ぶ. 図 3.5 の例では, $K_g = -1$ となる. 中央値基準では, グループの判断基準はグループメンバーの各基準値の中央値とする. 図 3.5 の例では $K_g = 0$ となる. この基準値を Median K_g と呼ぶ. 最小値基準では, グループの判断基準はグループメンバーの基準値の最小値とする. 図 3.5 の例では $K_g = -4$ となる. この基準値を Minimum K_g と呼ぶ. これら 4 つの基準の中で一番緩い基準は最小値基準で, 1 人でも緩い基準の人がいると居残れてしまう.

現実には, グループによって採用する基準は異なるが, まずはそれぞれのグループの基準が進化ダイナミクスにどの程度影響を及ぼすのかをみるため, どのグループも同じ基準を使う場合を計算した.

グループから排除されてしまってグループでおこなう公共財ゲームに参加できない場合には, ゲームをおこなわないため, ゲームに

よって生じる利得はない. また, ゲームにおける意思決定もないため, 評判レベルも変化しないままである.

基本モデル (iii) においては, 協力と非協力が選択されて進化するが, 同様にして, k_{ex} の値も選択され進化する. つまり, ある k_{ex} 値をもつプレイヤーは利得の高いプレイヤーの k_{ex} の真似をするとする. また, 確率 μ で突然変異も生じるとする. なお, 協力や非協力に関する形質と, 判断基準 k_{ex} は独立に継承されるとする. このシミュレーションの初期条件は, 集団中に非協力者がいないとし, k_{ex} の値を -6〜6 として, 一様乱数を各プレイヤーに割り振った. 評判レベルの範囲も入会条件と同じとしている.

図 3.6 が 10,000 世代の進化シミュレーション結果となる. 横軸の利益 (b) が高くなるほど, グループの判断基準はどれを用いても集団中の協力者の割合が高くなる傾向にあることがわかる. また, 最大値基準あるいは平均値基準の時に (Maximum K_g あるい

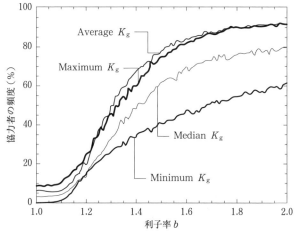

図 3.6　許可条件を加えた時の集団中に占める協力者の割合と利子率 b の関係

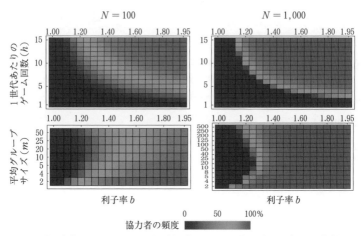

図 3.7　許可条件 (Average K_g) の時の利子率とゲーム回数，グループサイズ依存性の関係

は Average K_g)，協力者は集団中に 9 割以上を占めるようになっている．一方，中央値基準では平均値基準ほど協力者の割合は高くない．一番協力が進化しにくかったのが最小値基準である．

　図 3.7 に，許可条件が平均値基準での利益 (b) と 1 世代あたりのゲームの回数 (h)，グループサイズ (m) の関係を示している．直感通り，利益 (b) が高くなり 1 世代あたりのゲーム回数が多くなるほど，協力が進化しやすくなっている．

　興味深いことに，グループサイズが大きくなると，むしろ協力は進化しやすくなった．協力の進化の理論研究では，一般的に公共財ゲームにおいてグループサイズが大きくなると協力は進化しにくくなる．図 3.7 の結果は，それとは逆になっている．グループがメンバーを選ぶ時に，大きなグループでこそ協力の進化が可能になるということを示した，驚くべき研究結果なのだ．

　なぜ許可条件について，平均値基準（Average K_g）と最大値基準

(Maximum K_g)で協力の進化が促進されたのだろうか．最大値基準をもとに考えてみよう．最大値基準では，グループメンバーの中の一番高い基準値(k_{ex})をグループの基準値(K_g)とするため，各メンバーは評判レベル(s)が高い値にならなければ正式メンバーとなれず，公共財ゲームに参加できない．公共財ゲームに参加できないとなると，評判レベルを上げることができない．また，公共財ゲームの参加者の中で協力者の割合が高い場合には，参加しない時よりも参加したほうが利得を上げることができる．公共財ゲームの利益(b)が高い時は，協力するほうが自分にとっても得になる．そのため，協力が進化しやすくなっているのだ．

　一方最小値基準(Minimum K_g)では，協力が進化しやすくなっているとは言い難い結果であった．これは，グループメンバーの中で一番低い基準値をグループの判断基準とみなすため，K_gは低い値となるだろう．低い値であってもある程度は非協力者を排除できるとはいえ，非協力者でもグループに居残れやすくなり，非協力者が公共財ゲームに参加できるようになる．そのため，非協力者のほうが協力者よりも利得が高くなりやすくなるだろう．

　当初は平均値基準と中央値基準では同じような結果を予測していたが，そうはならず，平均値基準のほうで協力が進化しやすくなっていた．この理由がわかりにくいのだが，グループ内のk_{ex}値の分布に偏りがあるからなのだろう．

3.2.4　入会条件と許可条件の両方があるモデル

　入会条件と許可条件の両方がある場合のモデルと結果を示す．両方の条件が課される時にも，様々な状況がある．入会条件と許可条件において個人の判断基準k_{pa}とk_{ex}が同じ場合($k_{pa} = k_{ex}$)と異なる場合($k_{pa} \neq k_{ex}$)である．モデルは，基本モデルの(i)と(ii)の

間に，入会条件と許可条件を加えることになる．この2つの基準を満たして正式なグループメンバーになるとする．つまり，グループの評判レベル（S_g）が自分の k_{pa} の値以上かつ，自分の評判レベル（s）がグループの基準値（K_g）以上であれば，そのプレイヤーはグループの正式なメンバーとなって公共財ゲームに参加するのだ．

　$k_{pa} = k_{ex}$ の場合，各プレイヤーの進化形質は協力するかどうかに k_{pa}（あるいは k_{ex}）を加えた2つとなる．$k_{pa} \neq k_{ex}$ の場合は，各プレイヤーの進化形質は，協力するかどうかと，k_{pa}, k_{ex} の3つとなる．

　図3.8 にその結果を示している．基本的には，どの基準であっても，許可条件と入会条件がある時の結果は，許可条件と同じ結果となっていることがわかる．つまり，プレイヤーがグループを選ぶのではなく，グループでメンバーを選ぶことが，グループにおける協

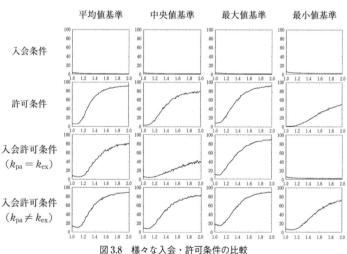

図3.8　様々な入会・許可条件の比較
横軸は利子率，縦軸は協力者の頻度．

力を達成するために重要であるとわかる.

　またこの結果より, 最小値基準において, $k_{pa} = k_{ex}$ の時と $k_{pa} \neq k_{ex}$ の時では結果が大きく異なっていることがわかる. さらに, 最小値基準において $k_{pa} \neq k_{ex}$ の時と許可条件だけの時とを比べてみると, $k_{pa} \neq k_{ex}$ の条件で協力が進化しやすくなっている. 一方で, 最大値基準や平均値基準, 中央値基準ではこのようなことは起こっていない.

　この結果から予測できることとして, 入会条件では最小値基準, 許可条件では最大値基準あるいは平均値基準, 中央値基準とした時に, 協力は進化しやすくなるのではないかということである. そこで, $k_{pa} \neq k_{ex}$ の条件下で進化シミュレーションをおこなって予測を検証してみた. **図 3.9** がその結果となる. 図 3.9 では入会条件も許可条件も最大値条件の時より, 入会条件が最小値基準であり許可条件が最大値基準の時のほうが, 若干ではあるが協力は進化しやすくなっている. 同様にして, 入会条件も許可条件も平均値（あるいは中央値）の時に比べて, 入会条件が最小値であり許可条件が平均値（あるいは中央値）の時のほうが若干, 協力は進化しやすくなっている. 中央値についても同様である. つまり, 予測通りになっている.

　以上より, 入会条件と許可条件の両方がある時には, 入会条件を最小値基準とし許可条件で最大値基準あるいは平均値基準とすると, 協力は進化した. 許可条件を中央値基準としても, 図 3.9b より, 集団中の協力者の割合は 8 割ほどで進化しているといえるものの, 平均値基準（図 3.9a）や最大値基準（図 3.9c）と比べると低い値になっている.

　入会条件と許可条件がある時に, 入会条件が最小値基準であると協力の進化はなぜ促進されるのであろうか？　これは, 入会条件が

56

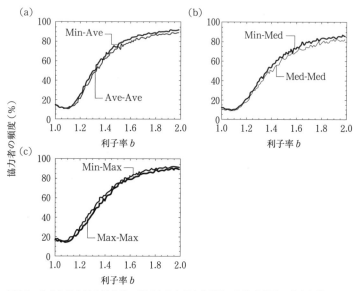

図 3.9 入会条件を最小値基準，許可条件を最大値基準，平均値基準，中央値基準のいずれかとした時の結果

Max は最大値基準，Min は最小値基準，Ave は平均値基準，Med は中央値基準を示す．たとえば，Min-Ave とは入会条件が最小値基準，許可条件が平均値基準であることを示す．

最小値基準の時は，グループの中で一番評判が悪い人の評判がグループの評判 (S_g) となり，あるメンバーの基準値 (k_{pa}) が $S_g \geqq k_{pa}$ であればその人はグループに残ることになる．つまり，評判が一番悪い人の評判が非常に低い値の時には，グループメンバーにならずに出ていくことになる．つまり，評判の悪い人がいるようなグループには入らないので，それが結果としてグループの評判を底上げする効果があるのではないかと考えられる．

3.3 まとめ：グループメンバーを選ぶ時に協力が
##　　　進化する条件

　本章全体の結論は，グループを選んで入るだけではグループの協力は進化せず，グループ側がメンバーを選ぶ時に初めてグループの協力が進化することだ．現実には人はグループを選び，グループもメンバーを選ぶことが多い．そのような状況において協力を進化させるには，プレイヤーはグループの中で評判が一番悪い人の評判をみて，そのグループに入るかどうかを決める必要がある．それに加えてグループが全員一致ルールでその人の受け入れを許可する場合に，グループでの協力は進化しやすくなる．また，グループがメンバーを選べるような状況では，グループサイズが大きくても協力が進化するという結果となった．

　この研究を組織へ適用し，来るもの拒まずという方針をとると，組織としての生産性が下がるということになる．組織として生産性を高めるためには，厳しい基準でメンバーを選び，入ることを検討している人はその組織の中で一番評判の悪い人をみて入るかどうかを決めるとよいという結果になる．また，集団でメンバーを選べる時は，大きな組織において協力が達成できることも示している．

頼母子講における協力の進化

4.1 　頼母子講：日本や世界で幅広くみられる互助システム

　ある研究集会で，東北大学文学部の辻本昌弘先生による沖縄の模合（もあい）の調査研究に関する講演を聴く機会があった．模合とは人々の間で助け合うシステムで，本土では頼母子講（たのもしこう）や無尽（むじん）と呼ばれている．これは図 2.4 の all-for-one にあたり，1 人のために仲間がお金を出し合うシステムである．返済は単に借りた人が貸した人に返していくというものではない．仲間でグループをつくり，輪番で 1 人が借り手になり，それを繰り返していくという．私は初めてこれを知った時，あまりにも面白いシステムで強く惹きつけられた．

　頼母子講は，室町時代の頃には日本にすでに存在していた互助システムである．江戸時代には特に盛んになり，第二次世界大戦後まで頻繁におこなわれていた．現在の日本では，沖縄と山梨で続いている．山梨の無尽も週刊誌に取り上げられるほど盛んにおこなわれているようだ（週刊新潮 2018 年 1 月 25 日号，pp.128-131）．**図 4.1**

図4.1　週刊新潮 2018 年 1 月 25 日号（広告より抜粋）

には週刊新潮の吊り広告を載せているが，吊り広告になるくらいインパクトがあるのだろう．明治時代に一部の頼母子講が銀行や信用組合になり，今に至るという．つまりはこれらの互助システムが金融の起源にあたる組織と考えることもできる（**Box 7**）．沖縄の模合については **Box 8** に詳細を説明する．

Box 7　頼母子講と信用組合

　二宮金次郎といえば，かつては日本中の小学校に，薪を担いで本を読みながら歩いている銅像があったものである（**図**）．二宮金次郎として知られている二宮尊徳がつくった金融互助組織「五常講」は，一種の頼母子講や無尽にあたる金融互助組織であり，日本初そして世界初の信用組合である．五常とは，仁・義・礼・智・信を指す．小林(2009) によると，「仁」は余裕のある人が貧窮者に貸し付けること，「義」はきちんと返済すること，「礼」は約束履行後に恩義を謝すために冥加金を出したり返済の際に迷惑をかけないことや余財を差し出した人が自慢しないこと，「智」は余財を多く生み出すように工夫したり，借金を速やかに返済できるように工夫したりすること，「信」は金銭の積み立てや貸借を完全履行する約束を厳守することを指す．この

図　二宮金次郎像
2019 年 10 月 5 日筆者撮影（東京都品川区立三木小学校）.

ような発想のもと，尊徳は小田原藩士の貧窮救済をしたという．尊徳の教えはのちに「報徳」と呼ばれ，「経済活動」と「道徳活動」は別々ではなく一元化されることと説いている．今の時代に生きていれば，ノーベル平和賞か経済学賞をもらったはずである．

　五常講のシステムについて猪瀬 (2007) を参考に説明しよう．たとえば，10 両借りるとする．5 年間賦利息返済で年に 2 両ずつ返せば，5 年で返済できる．尊徳が目をつけた点というのは，「5 年間，毎年 2 両ずつ返済して生活もできたということは，追加で 1 年 2 両払っても大丈夫だろう」というところである．この 6 年目に支払わせたものを冥加金と呼んだ．これは貸してもらったお礼にもあたり，実質的には利息にあたる．この冥加金を推譲[1]してもらうことで五常講の資本が大きくなったという．冥加金は行動経済学的な考え方であり（e.g. 大垣・田中，2014），尊徳は行動経済学に先立って人間の特徴をうまく捉えた制度をつくっていたようだ．

　尊徳の五常講の 50 年後に，ドイツでも似たような制度がつくられた．「ドイツ市街地信用組合の父」と呼ばれるヘルマン・シュルツェ・デーリチュと「ドイツ農村信用組合の父」と呼ばれるフリードリッヒ・ウィルヘルム・ライファイゼンが，それぞれ独立に世界で初めての信用組合をつくったという．ライファイゼンは「One for all, All for one（1 人はみんなのために，みんなは 1 人のために）」という精神のもと信用組合を運用した．ドイツでは今もその活動が受け継がれ，ドイツ政府からの申請で 2016 年には協同組合が世界無形遺産として登録された．一方，日本では五常講の精神を受け継いだものとして，公益社団法人大日本報徳社があるが，あまり知られていない．

---

[1] 報徳の重要な概念に「分度」と「推譲」がある．分度は個人の天分に従って生活の度合を定めることである．推譲とは，分度以上の収入を他者や子孫に譲ることである（小林，2009）．

Box 8　沖縄や沖縄移民の頼母子講「模合」

　辻本 (2000, 2008) や辻本ら (2007) の調査研究をもとに模合について説明しよう．模合には座元と呼ばれる運営の中心人物がいる．ブエノスアイレスの模合では，発起人と呼ばれる．座元は，初回会合で資金をもらったり，掛金が優遇されたりする，つまり無利子返済となる．一方，他のメンバーは規定の掛金に加えて配当金や利子を支払う場合がある．ただ，座元はデフォルト（債務不履行）を防ぐ責任があり，様々な事情で掛金が支払えなくなったメンバーに代わって掛金を払ったりする．辻本 (2000) によるブエノスアイレスでの模合では，発起人宅で毎回の会合が開かれ，発起人は講則の作成，帳簿付けもおこなう．入札後は酒盛りもする．

　模合のメンバーが掛金を出資してつくった資金を受け取る方法は，それぞれの模合によって異なる．入札で決める場合，あらかじめ受け取る順を決めている場合，ランダムにくじで決める場合がある．受け取る順を決めていても，早く受け取りたい人がいれば順番を入れ替えることもある．英語ではそれぞれ，bidding Rosca，fixed Rosca，random Rosca と呼ばれる．

　模合の中に，上げ模合と下げ模合というものがある．2 つとも 2 回目以降の受領者は入札で決まるので，bidding Rosca である．上げ模合では，返済利子額を入札する．その額が一番高い人が落札権を得る．落札者の受領金額は，規定の掛金総額に前回までの落札者が支払う利子額を加えた額になる．したがって，会期が進むごとに受領金額は高くなる．

　下げ模合では，配当金を入札する．配当金の高い人が落札権を得る．そして，未落札者がこの配当金を得る．会期が進むごとに落札者が増えるため，配当金を受けられる人が少なくなる．最後の受領者は配当金を支払う必要がなく，かつずっと配当金を受け取っているため，一番受領額が高い．しかし上げ模合と比べると，会期終了後の支出額と収入額は低くなるという．

大規模な模合では，デフォルトが生じると多額の損害を受けるため，保証人をつけるという（辻本，2000）．しかしこの保証人もデフォルトを起こすと，発起人が支払うという．

　1人が複数の模合に参加している．辻本ら (2007) の例では，ある人は4つの模合に参加しており，1つが bidding Rosca，1つが fixed Rosca，2つが random Rosca という．

　第3章の進化シミュレーションや第4章後半の被験者実験では，1人は1つの頼母子講について1回しか受領できないと仮定している．これを1口という．実際には，2口以上も可能である．この時は2回以上受け取れるが，もちろん，掛金を2回以上払う必要がある．

　模合への加入資格であるが，ブエノスアイレスの模合では，初めてその講に入る人は，昔から講に入っている人からの推薦が必要という．

　模合は，皆で会合をして掛金を出資し，その後に懇談会を開くため，関係を深めるとともに情報交換の場にもなっている（辻本ら，2007）．しかしながら，定期的に会って掛金を支払うという義務が課されるため，人間関係を束縛してしまう．

　辻本 (2008) では，悪い評判が社会ネットワークで伝わり，その結果講に誘われないことをサンクション（罰）と解釈している．また，人は親密な人間関係の喪失を避ける性質がある．講に誘われなくなることは親密な人間関係の喪失となり，サンクションとなるという説明をしている．一方で，デフォルトの可能性のあるメンバーには座元や発起人が援助をするが，それでもってその債務不履行者をすぐに排除するというわけでもない．多くは経済事情で掛金を払いたくても払えないのである．そういう場合には寛容性も必要と指摘している．

　このような互助システムは，日本に限らず世界中にあるらしい．東アジア，東南アジア，南アジア，アフリカ，南アメリカにあることがわかっている．ヨーロッパでは移民により運営されているという．英語名は rotating savings and credit associations (ROSCAs)

という. そしてバングラディッシュの ROSCA をもとにしてムハマド・ヤヌス博士がグラミン銀行をつくり, これを貧者の銀行として貧困問題の解決を促した. ヤヌス博士はこの功績でノーベル平和賞を受賞した.

この慣習の起源はどこにあって何をきっかけとして広がっていったのだろうか. 人間社会であれば, ある条件が整えば考えつくシステムなのだろうか? 昔のことなので推測しかできないが, おそらく, 1 つの頼母子講から派生して世界的に広がったというよりは, 地域や国ごとに独立に生じつつ, 国内や地域内の人の行き来によっても導入され, 影響を受けたのであろう.

たとえば仮に, A さんに急にまとまったお金が必要となり, A さんのために A, B, C, D さんが講を始めるとしよう (**図 4.2**). 講では 1 ヶ月ごとに会合をする. 1 人 1 万円ずつ出資すると 4 万円となる. Box 8 で述べたように, お金を受領する人が, 入札で決まる場合, あらかじめ受領順を決めている場合, くじで決まる場合などがある. 今回は A さんが受け取ったとしよう. 翌月には同じように会合を開き, 受領者以外 (A さん以外) の人が受領する. これを合計 4 回繰り返すことで全員が 4 万円を受け取ることになる. なぜそのようなシステムが必要なのか? 自分でコツコツ貯金すればよいではないかと思うだろう. あるいは現在の日本なら, 銀行から借りればいいと思うかもしれない. 頼母子講は, そのような金融機関がない時代や, あっても金融機関から信用がなく, お金を借りることが難しい状況において重要となる. あるいは地域の互恵関係がまだ存在している地域では, 銀行があってもあえて講で資金を集める場合もある (詳しくは第 5 章).

頼母子講は, 急に多額の出資が必要な時に便利なシステムであり, 初回はお金の必要な人が受け取り, あとは入札やくじ, 順番で

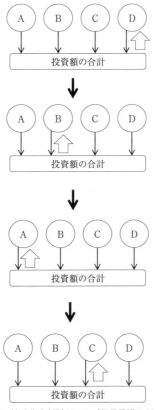

図 4.2　輪番非分割財ゲーム（頼母子講のゲーム）

受け取るということが多い．頼母子講の利点として，基本的にはその場でお金を集めて受領者が受け取るため，お金を第三者が保管する必要がない点が重要との指摘もある（Collins et al., 2010）．というのは，インドやバングラディッシュにある様々な民間の金融システムでは第三者が保管するというものもあるが，保管するはずの第三者に貰い逃げされてしまう可能性があるのだ．

66

　頼母子講の大きな問題としてはデフォルトがある．先ほどの例ではＡさんが最初に受領したとあるが，その後，気が変わってＡさんが貰い逃げをしてしまう可能性もある．貰い逃げした後に同じ地域に留まることはなかなか難しい．実際には夜逃げをするという．デフォルトが頻繁に起こってしまうと講そのものが存在しなくなるはずだ．しかし，世の中にはいまだに講が存在している．それは，様々なルールによってデフォルトを防ぐようにしているからだろう．では，どのようなルールによってデフォルトを抑止しているのだろうか？

4.2　ルールの安定性を進化シミュレーションで探る

　我々はデフォルトの抑止について解明するため，進化シミュレーションによってルールを検討した．進化シミュレーションの利点とは何だろうか？　経済学での先行研究では数理モデルを用いているが，数理モデルでは３人以上の状況を表現することは難しくなる．数式で表すために２人による講を仮定するとなると，数理モデル化はしやすくなるが，講ならではの面白い点が削ぎ落とされてしまう．欠点ももちろんあるが，シミュレーションの大きな利点として，シンプルかつ現実的なモデル設定でありながら数理モデル化がしづらいことを，プログラミングによるシミュレーションでは表現が可能なことがある．

　利得の高いプレイヤーの行動や戦略を真似るという意思決定は現実的であり，日常においても広くおこなわれている．進化シミュレーションはそれを表現できるのである．

　Koike et al. (2010) によるモデルの仮定を説明しよう．まず，集団中に N 人のプレイヤーがいる．平均 n 人のグループをつくるとし，グループ数は m 個と仮定する．たとえば，$N = 100$, $n = 5$,

$m = 20$ というのは，グループ中に全 100 人いるとして，平均 5 人のグループを 20 個つくるということである．グループの構成は集団からランダムに選ぶとする．各グループ内の受領者についても，ランダムに選ぶとする．また，一度選ばれた受領者は全員がもらえるまではお金を受領しないとする．多くの講において，お金がすぐに必要な人のために座元が講を始めるため，その人が最初に受け取るようになっている．実際には，n 口出資をしていると講が一巡するまでに n 回受け取れるが $(n \geqq 1)$，今回は全員が 1 口ずつ出資すると仮定した．

　会合を開く回数は，各グループのメンバー数に等しいとする．つまり，5 人のグループであれば $(n = 5)$，5 回会合を開く．各会合で，各メンバーは x 円出資するかどうかを決める．もし全員出資したら $n \times x$ 円の資金となる．この資金を受け取る人がランダムに決まる（現実では，くじで決めるという講にあたる）．一方，もし誰も出資しなければ資金は 0 円になる．ランダムに選ばれたグループメンバーがこの資金をもらうとする．2 回目の会合でも同じことをし，資金を受領する人は前の会合でもらっていない人とする．この会合を n 回繰り返すと，全員が出資して全員が受領することになる．つまり，みんなから借りたお金をみんなに返済していることになるのだ．今回のゲームを「輪番非分割財ゲーム (rotating indivisible goods game)」と呼ぶことにする (Koike et al., 2010)．

　講で資金を早く受け取るほど，早くビジネスに投資できる．ビジネスに成功すれば利益も得られるだろう．つまり，早く受け取るほど得をするということを表すため，1 より大きな利子率 w を仮定した $(w \geqq 1)$．そして，早く受け取るほど利子が高くなるという設定とした．$w = 1$ はどの順番で受け取っても同じとしている．全員が出資する場合は，一番最初に資金を受領した人は $(n-1)xw^{n+1}$ を受

け取ることになる．ただし，自分が出資した額を除いた金額に利子率をかけるとする．というのは，自分の出資した額に利子をつけるとなると，仮に自分しか出資しなかった時に受け取る金額が xw^{n+1} となるため，自分に出資して自分が得をするというシステムにしないようにする．最後に受領した人の受領金額は $(n-1)xw$ と仮定する．一般的に書くと，グループメンバー全員が出資する場合の t 回目の受領者の受領額は，$(n-1)xw^{n-t+1}$ である $(1 \leqq t \leqq n)$．

4.2.1 貰い逃げの出現

全員が毎回出資すれば，講は円満に始まり円満に終わる．しかし，現実には貰い逃げする人（デフォルト）が存在するのだ．デフォルトというのは，自分が資金をもらうまでは出資し続けるが，もらった後は出資しないという戦略のことである．そして一番最初にもらってそのまま逃げる人が一番得をするのである．すると人は，受領を境にして出資するかどうかを判断していると考えることができる．そこで，各メンバーの戦略として (q_1, q_2) を考えた．q_1 は資金受領前の出資確率，q_2 は資金受領後の出資確率を表す．自分が資金を受け取ろうが受け取るまいが常に出資する戦略は $(1, 1)$，資金を受け取る前は出資するが受領後は出資しない戦略は $(1, 0)$，常に出資しない場合は $(0, 0)$ である．$(0, 1)$ という，資金を受け取る前は出資をしないが，受領後に出資するという戦略も理論上考慮することはできる．q_1, q_2 両方とも 0 か 1 のどちらかをとると仮定している．0.45 の確率で受領前に出資するというような戦略は今回は考えていない．以降，$(1, 1)$ を協力戦略，$(1, 0)$ をデフォルト戦略，$(0, 0)$ を非協力戦略と呼ぶ．そして，各プレイヤーは4つの戦略のうち1つの戦略を採用し，ある一定期間中（進化ゲーム理論においては1世代になる）は同じ戦略をとり続けると仮定する．このモデ

ルでは，グループメンバー全員が輪番で資金を受領し終えたところ
で1回目の講が終わる．

　2回目の講になる前に，メンバーを変える．メンバーの変え方と
しては，ランダムにグループメンバーを組み直すやり方や，グルー
プがメンバーを選んだり，メンバーがグループを選んだりする方法
などが考えられる．グループメンバーの変え方については，後ほど
説明する．1世代中に，r 回講をおこなうとする．r 回目の講が終
わった時を世代の終わりとし，各プレイヤーの1世代中での利得の
総和を計算する．そして，各プレイヤーは確率 $1-\mu$ で利得の高い
プレイヤーの戦略の模倣をするという意思決定をし，確率 μ でラン
ダムに戦略を変えるとする．人の意思決定において，利得の高いプ
レイヤーの戦略に変えることもあるし，何となくランダムに戦略を
変えることもあるため，これは妥当な仮定であろう．そして，新し
い世代が始まり，同じことを繰り返していく．何世代か経た後にあ
る戦略を採用するプレイヤー数を数え，協力的戦略のプレイヤーが
集団を占めるのか，それとも4つの戦略が集団中に共存しているの
か，デフォルト戦略が集団を占めているのかをみる．

　1世代中に，ランダムに講のグループメンバーを決め，そのまま
輪番非分割財ゲームをおこなうと仮定した 10,000 世代の進化シミ
ュレーション結果が図 **4.3**a となる．この仮定のモデルを基本モデ
ルと呼ぶ．横軸は利子率 w である．縦軸は $q_i = 1$ の戦略における
プレイヤーの頻度の各世代の平均値を示す（$i = 1$ or 2）．このグラ
フからわかる通り，利子率が高くなったとしても，$(0, 0)$ である非
協力戦略のプレイヤーばかりとなる．つまり，ランダムにグループ
メンバーを選んだ場合には，頼母子講は協力を維持できず，講は続
けることができない．

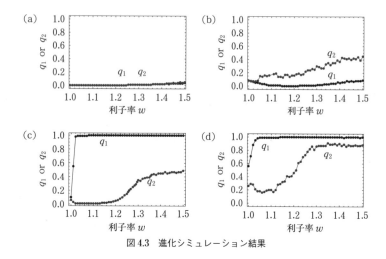

図 4.3　進化シミュレーション結果

4.2.2　信用できるかどうかを評判から見極める

　人は，他の何名かとグループを組んで助け合って何かを成し遂げようとする時，相手をランダムではなく，選んで決めることがある．ましてやお金の絡む話となるとランダムに組まず，メンバーを選ぶだろう．メンバー選別ルールとして，Koike et al. (2010) では第3章と同様の仮定をした（図3.3および図3.5参照）．まずはランダムにメンバーの候補者を選ぶ．そして，次の2つの条件を満たせば実際のグループメンバーとなる．まず1つ目の条件は，候補者がグループに残りたいという「入会条件」である．2つ目は，グループが候補者をメンバーと認めるかどうかに関する「許可条件」である．この2つを満たして正式なグループメンバーとなり講を始めるとする．確かにこの2つの仮定は現実世界でも起こっている気がする．しかし，これをコンピュータシミュレーションで解明するには，ルールを隅々まで決めてプログラミング言語によって表現する

必要がある.

　そこで Koike et al.（2010）では，評判に着目して入会条件と許可条件に関してモデル化することにした. まずはそもそも評判をどのように定義するのかを説明しよう. 評判の定義にあたっては，第2章で説明した Nowak and Sigmund（1998）の研究を参考にした. また，第3章で紹介した研究は，実は Koike et al.（2010）を一般化した研究である. 第3章の入会条件と許可条件の平均値基準を用い，入会条件と許可条件での判断基準には同じものを使った. 詳細は第3章を確認してほしい. この2つの条件を満たした候補者が，講の正式なメンバーとなる. メンバーにならなかったプレイヤーは，講には参加せず何もしない.

　次に，イメージスコアはどのように決めるのだろうか. 第3章では公共財ゲームを用いたが，今回は輪番非分割財ゲームを用いる. 公共財ゲームと異なる点として，資金を受け取る前と受け取った後では，各プレイヤーの行動が異なることがある. これを考慮して第3章とは仮定を変える必要がある. そこで，まずは以下のような仮定とした. メンバーごとに確率 p_b を計算する. 計算式は $p_b =$（資金受領前に投資した回数）/（資金受領前の会合回数）とする. そして，講が一巡した後に，p_b の確率でそのメンバーのイメージスコアが1上がり，$1 - p_b$ の確率でそのメンバーのイメージスコアが1下がるとする. 同様にして，メンバーごとに確率 p_a を計算する. 計算式は $p_a =$（資金受領後に投資をした回数）/（資金受領後の会合回数）とする. そして，p_a の確率でそのメンバーのイメージスコアが1上がり，$1 - p_a$ の確率でそのメンバーのイメージスコアが1下がるとする. このような評判へのラベルのつけ方を，ラベルルール1と呼ぶ.

　結果は図4.3bに示す. グループメンバーの選別ルールがない時

の結果（図 4.3a）と比べると若干 q_1 や q_2 の値は高くなっているが，0.5 以下であり，協力が進化しているとは言い難い．つまり，グループメンバー選別ルールだけでは，講における非協力を防ぐことは難しい．では，どのような条件が必要なのだろうか？

4.2.3　受領権喪失ルール

そこで Koike et al.（2010）では，「資金の受領前に出資しなかった人は，資金を受領する番になっても受領できない」という暗黙的に存在する当たり前のルールが，ダイナミクス全体に与える影響について調べることにした．これを「受領権喪失ルール」と呼ぶことにする．基本モデルに受領権喪失ルールを加えて進化シミュレーションをおこなった結果は，図 4.3c である．資金受領前の協力率（q_1）は非常に高い値になるが，資金受領後の協力率（q_2）は低いままである．これは，デフォルト戦略のような戦略が進化したことを示す．

では，基本モデルに選別ルールと受領権喪失ルールの両方を加えてみよう．この時，グループ選別ルールでラベルルール 2 を使うとする．このルールでは，講が一巡した後に，p_b の確率ではメンバーのイメージスコアは変化しないとするが，p_a の確率でイメージスコアが 1 上がり，$1 - p_a$ の確率でイメージスコアが 1 下がる．資金受領前の行動に評判をつけない理由は，図 4.3c のように，受領権喪失ルールがあるとプレイヤーは資金受領前には協力する傾向があるため，非協力者と協力者を見分けるには資金受領後のイメージスコアが重要となるためである．図 4.3d に結果を示している．この結果より，利子率が低い時はデフォルト戦略が進化しているが，利子率が高くなると協力戦略が進化していることがわかる．つまり，グループ選別ルールだけでは講の協力者は増えず，受領研

喪失ルールだけでも講の協力者は増えないため，講というシステムを維持していくことは難しい．しかしこの2つのルールがあると，利子率が高ければ講のシステムが維持されることになる．

　第3章の結果と比較してみよう．Koike et al. (2011) では，入会条件と許可条件が両方とも平均値基準であり，2つの条件で使う各プレイヤーの判断基準値は同じものであった．私の研究室の大学院生だった叶山聖史さんに，第2章のように別の条件において，頼母子講の枠組み（つまり，輪番非分割財ゲーム）で同様の計算をしてもらったところ，Nakamaru and Yokoyama (2014) の公共財ゲームと同じ傾向の結果が得られた．

4.3　まとめ：講というシステムを維持させるルール

　Koike et al. (2010) では，講というシステムを維持させるための2つのルールに着目してその効果を調べた．この2つのルールのおかげで組織内の協力が維持され，それが頼母子講という組織への信用につながり，金融機関へと発展したと解釈できる．実際の頼母子講にはこの2つのルールだけではなく，様々なルールが存在している（Box 8; 辻本，2000；辻本，2006；辻本ら，2007）．そこで，第5章前半では佐渡島での聞き取り調査について紹介する．また，このKoike et al. (2010) のように2つのルールしかない状況で頼母子講を実際におこなった時はどうなるのだろうか．被験者を用いて経済学実験を実施した．これも第5章後半で紹介する．

頼母子講のフィールド調査と
被験者実験

　本章の前半では，佐渡島を訪問し，頼母子講の実情について聞き取りをした内容を紹介しよう（中丸・小池，2015a；2015b）．佐渡島の講は「佐渡講」とも呼ばれる．調査地は，佐渡島の両津港の近くにあり加茂湖に面している福浦地区と，江戸時代に金の積出港や北前船の寄港地として栄え，船問屋を中心とした町人文化が栄えた小木地区である．その調査の結果と，第4章で紹介した頼母子講のシミュレーションとを比較する．

　また，第3章で紹介した進化シミュレーションと同じ枠組みで人間が頼母子講をおこなった時，人はどのように振る舞うのかについて，実験経済学の枠組みを用いて被験者実験を実施した（Koike et al., 2018）．本章の後半では，この被験者実験の説明および，その実験結果と第3章の結果の比較をおこなう．

5.1　佐渡島における講

　佐渡島での調査では，様々な講についての聞き取りをした．頼母

子講については福浦地区と小木地区で聞き取りをしたが，ここでは小木地区の頼母子講について詳しく説明する．福良地区の頼母子講や他の講については中丸・小池（2015b）で詳しく説明している．

小木地区は佐渡島の南の玄関口であり，江戸時代は金の積み出し港で北前船も入港して繁栄し，豪商もいた．今は両津港が佐渡島の玄関口となり，小木は昔ほどの活気はなくなっている．今日でも小木地区の商工業者は，銀行や信用組合から融資を受けるのではなく，頼母子講で資金を調達しているという．つまり，頼母子講が相互金融として銀行や信用金庫の役割を担っている．

2013年7月6日に居酒屋で酒宴を設けて，デフォルトもなく無事に終わった頼母子講に参加されていた人たちから様々なルールを伺った．興味深いことに，その頼母子講は特殊で複雑な構造になっていた．おそらく大きな資金調達にはそれが「効率的」な方法なのだろう．

5.1.1　実際におこなわれた講の例

実際におこなわれた講の頼母子講規約をもとにして詳細を説明しよう（**図5.1**）．ある人が新規事業を始める時や，改築など生活のために大きなお金が必要な時，あるいは単に大きな資金が必要な時にそのある人が「親」となり，今まで自分の参加した頼母子講の参加者などに声をかけて「子」を集める．図5.1では子を45人集め，子1人につき25万円を出資してもらっており，総額1,250万円を親は受け取っている．これを1番講とする．親は講が開催されるたびに，利子なしで子へ25万円を返していくことになっている．頼母子講は仲間の救済が主な目的で，子が親を助けるということもあり，親は無利子なのである．これは他の講にもいえることのようだ（Box 8参照）．講は45回開かれる．2番講からは親は返済を始め，

1番講：親のための相互扶助

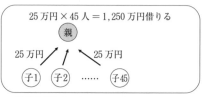

25万円×45人＝1,250万円借りる

親

25万円　　25万円

子1　子2　……　子45

2番講：子の頼母子講が始まる
（デフォルトがなければ，46番
講が最後になる）

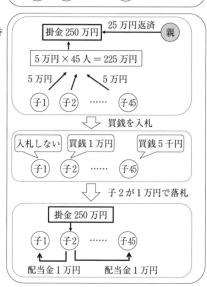

掛金 250万円 ← 25万円返済 親

5万円×45人＝225万円

5万円　　5万円

子1　子2　……　子45

⬇ 買錢を入札

入札しない　買錢1万円　　買錢5千円

子1　子2　……　子45

⬇ 子2が1万円で落札

掛金 250万円

子1　子2　……　子45

配当金1万円　　配当金1万円

図5.1　小木地区の頼母子講

かつ子の頼母子講が始まることになり，46番講が子の頼母子講の最終回となる．子の頼母子講は45人からなり，掛金は5万円とすると，全員が掛金を支払えば5万円×45人＝225万円集まる．これに加え，親の支払額25万円が加算され，総額が250万円となる．これを1人の子が受け取る．では，誰が受け取るのだろうか？　買錢を入札し，高入札額者が250万円を落札するのである．買錢の額を配当金とし，落札者は未落札の子全員へ配当金を配る．また，頼母子講を開催する際の茶菓子代も落札者が支払うことになってい

る．つまり，落札するタイミングが早いほど，配当金をもらう人の数が多くなるため，落札者の受領金が減ってしまうのだ．図 5.1 では子の頼母子講として 2 番講を例に挙げているが，2 番講では未落札者は自分以外の全員であるため，買銭の落札額を 1 万円と仮定すると，1 万円 × 44 人 = 44 万円を支払う必要がある．一方，最後の 46 番講でお金を受け取る人は入札がないため買銭を払う必要もなく，満額，つまり 250 万円もらうことになる．46 番講で掛金を受け取る人は 2 番講から 45 番講までずっと配当金をもらい続けることになる．つまり，物入れでなければ最後に受け取るほどたくさん配当金がもらえて，かつ，自分が落札した時の配当金の支払額も少なくなるため「得」である．しかし，講は年に 4 回の開催となるため，46 番講はこの講が始まってから 12 年目に開催されることとなり，12 年のスーパー定期に預金をした状況になっている．12 年の歳月は長く，途中でデフォルトが生じてしまい，掛金をもらえなくなる可能性もある．高リスクほど早く落札しようとして買銭の入札額を上げることになる．つまり高リスクな投資信託ほど配当金が高いのと同じである．これは下げ模合（Box 8 参照）である．

　買銭の金額についても質問したところ，以前は入札する時の買銭を高く設定して落札する者が多く，掛金の 10〜20% になることもあったようだ．5 万円の掛金に対して配当金が 1 万円ということである．最近では 1〜5% になっており，配当額が 100 円程度になるようだ．そうすると，未落札者に配当金をほとんど支払わないため，ほぼ満額（z 円）を受け取ることになる．未落札者としては配当金を当てにできなくなる．このような状況になったわけは，近年では資金の融通が目的で頼母子講を開催しているというより，付き合いで参加している者が増えたからだという．

5.1.2 デフォルトを防ぐ仕組み

この頼母子講でのデフォルトを防ぐための仕組みをみていこう．いくつもの決まりがある．規約に「落札者は次の開講日より満講迄金5万円を返済するものとする」と書かれている．落札者は講からお金を借りている状況であり，規約で返済を義務付け，デフォルトを防止をしている．落札者は借用書を銭所に渡して初めて，落札したお金を銭所から受け取る．そして，親に2名，子に1名の連帯保証人を地区内から立てる．保証人は掛金に関する保証のみをおこなう．子が落札した後のデフォルトを防ぐために子に連帯保証人をつける．連帯保証人の責任は，通常の保証人の範囲である．連帯保証人と呼ばれているのは，単に複数の保証人を立てているためである．櫻井 (1988) の調査研究でも似たようなシステムが挙げられている．親や子が返済できなくなった時は連帯保証人が支払うことになるが，何十年に1回あるかないかぐらいという．このような事態に陥った時は，返済できなかった者はこの講とは別の新しい講の親にはなれなかったり村八分になったりするようである．

規約によると，講を開始する時に世話人を立てていることがわかる．世話人の仕事は，掛金の払えない子が生じた時や参加者が期間中に亡くなるなど不測の事態が起きた時に対応することである．世話人は信頼のある人がなり，問題を仲裁する役割をする．実質的には世話人が解決をしなければならないようなトラブルはほとんど生じないようである．また，深刻なトラブルがあった時も世話人を中心にして皆で解決するため，裁判などに発展するケースはないという．

規約には銭所について書かれているが，これは掛金・受領金の管理人である．世話人，連帯保証人，銭所の中で実質的に頼母子講の運営にかかわるのは銭所である．親は無利子で資金を借りる代わり

に講の運営に必要な仕事を請け負う．具体的な親の仕事は，掛金を集め，自宅で講を開き，買銭を渡すことである．銭所は親の集金したお金を管理し，信用を担保しているという．親の集めた金額が足りないことに銭所が気付いた時には，世話人が対応する．

規約に書かれている唯一の罰則は，「頼母子講の掛金を入札の時刻までに支払わない人は，清酒を提供する」となっている．聞き取り調査の際にこの罰則の背景について確認したところ，「基本的に会合の前に親が子の掛金を集金する．人によっては会合の当日に掛金を持参するものもいる．その人が会合をうっかり忘れるなどして遅れた時に，掛金とともに罰金として清酒を届ける」ということのようだ．

子全員が毎回会合に参加するわけではなく，一度落札した人は掛金を支払うだけで会合には参加しないこともあるという．連帯保証人，世話人，銭所が，参加者にデフォルトをさせないための重要な役割を担っているようである．

5.1.3　複雑な頼母子講構造

第4章のシミュレーションで仮定した受領権喪失ルールには，規約の「時間に遅れた入札者は入札の権利を失う」が相当すると思われる．しかし聞き取りによると，このルールはシミュレーションで仮定した受領権喪失ルールとは異なり，遅れた会合のみで適用される．次の講の入札権までは失わないのだ．なぜなら，ある時に掛金を支払えず入札する権利そのものを失ってしまうと，子が親に貸したお金（25万円）が戻らなくなってしまうからである．

第2章の図2.4に倣うと，小木の頼母子講は2つの all-for-one 構造（親への貸し付けと，子の頼母子講）が one-for-one 構造（親の借金返済）でつながっている複雑なシステムと解釈できる．見方を

変えると，単に初回と2回目以降の講で掛金の異なる頼母子講，つまり1つの all-for-one 構造であるとも解釈できる．いずれにせよ，受領権喪失ルールは存在しようがないのである．

第4章の進化シミュレーションでは，単純化のためもあり，集団形成に際して，参加者は集団の評判（他の参加者の評判の平均値）を基準に加入を判断し，集団は参加者の評判をもとにそれを許可するというルールを仮定した．つまり，座元や発起人のようなリーダーを仮定しなかった．沖縄の模合（辻本ら，2007）や小木の頼母子講では，親が交友関係と子の評判をもとに参加を依頼し，子は親の評判や自身の経済状況を勘案し参加を承諾するという，集団の評判や基準を親が代表するともみてとれる仕組みになっている．これは，親への金銭的な援助を第一とするこの頼母子講の目的に由来する．今後は，小木の頼母子講のように，親と他の参加者が階層的になっている構造が安定的に運営される条件を，進化シミュレーションにより改めて検証できればと考えている．

5.1.4 聞き取り調査の難しさ

様々な相互扶助が存在するが，問題の1つとして，本当に都合があって参加できないのか，あるいは参加しないのか（フリーライダー）の区別がつかない点である．また，先述の通り，罰やトラブルなどのネガティブな情報については，今回のような数日間の調査では本当のことを聞き取れなかった．単なるルールの聞き取りであっても，一番の肝心な点はなかなか教えてもらえない．本当に罰をしてなかったりトラブルが生じていない可能性もある．この見極めが難しい．たとえば，Guala（2012）の論文では文化人類学の調査結果をもとに，個人的におこなう罰はリスキーであり意外と存在しないという．

5.1.5　危ぶまれる相互扶助組織の存続

　近年ではフリーライダーよりは住民の高齢化や世代交代によっ
て，相互扶助組織そのものの存続が危うくなっている．**図5.2**の岩
首地区の棚田は岩首昇竜棚田とも呼ばれ，農業世界遺産となった
が，高齢により耕作を続けられない人が増えている．棚田は長い水
路や斜面の整備が必要なため，1人抜けるごとに，残った生産者1
人にかかる整備負担が増え，共同でおこなっていた補修活動が難し
くなり，相互扶助の崩壊が生じている．これは，佐渡島に限らず東
アジアで問題となっている水田の耕作放棄問題である．佐渡島の棚
田の放棄問題に触発され，水田における耕作放棄に関するエージェ
ントベースシミュレーション研究もおこなった．詳細は Lee et al.
（2020）を参照のこと．

図5.2　岩首昇竜棚田と呼ばれている岩首地区の棚田
農業世界遺産となっている（執筆者撮影）．

5.2 実験経済学による被験者実験

前節の佐渡島における聞き取り調査や辻本ら (2007) の模合の調査研究（Box 8 参照）でも明らかなように，現実の頼母子講は様々なルールからなっている．第 4 章では，その中でも 2 つのルールである受領権喪失ルールとメンバー選別ルールに着目した研究を紹介した．後者のメンバー選別ルールは，グループを形成する時の意思決定の仕方になる．この 2 つは現実においてどのぐらい有効であろうか？　現実の講では昔からの慣習を引き継いでいるため，この 2 つのルールのみで運用していくわけにもいかないだろう．前節の聞き取り調査の結果からもわかる通り，現実の講では様々なルールがあって，何がどのような影響を及ぼしているのかがわからない．そこで，被験者実験によって検証をすることとした．

5.2.1 実験の流れ

第 4 章で紹介した進化シミュレーションの仮定にできる限り近い形で実験をした．第 4 章の受領権喪失ルールはここでは punishment（罰）と呼び，メンバー選別ルールは voting（投票）と呼ぶ．その理由は後ほど説明する．

実験は 4 種類実施した．それぞれを実験 B，実験 P，実験 V，実験 VP と呼ぶ．なお，B は基本的な実験という意味の baseline の頭文字になる．P は罰という意味の punishment，V は投票という意味の voting の頭文字で，VP は voting と punishment の両方がある実験ということを表す．第 4 章に照らして説明すると，実験 B は受領権喪失ルールでもメンバー選別ルールでもなく，単にグループに分かれて輪番非分割財ゲームをする場合にあたる．実験 P は受領権喪失ルールのみを導入した場合，実験 V はメンバー選別ルール

のみを導入した場合，実験 VP は受領権喪失ルールとメンバー選別ルールの両方を導入した場合になる．

　私の勤務先である東京工業大学の学部生と大学院生を対象にして，各実験ごとに被験者 20 人に参加してもらった．大学によっては被験者をうまく集めるシステムがあるらしいが，東京工業大学ではそのようなものは全くなかったため，大学院生が足で稼いで集めた．学内に被験者募集の広告を出したり，講義の教室や食堂でビラを配ったりして集めたのだ．

　1 つの実験室で 20 人に対して実験をおこなう．コンピュータが 1 台ずつ置かれている各机にそれぞれの被験者が向かう．机の間には仕切りがあり，隣の人の画面はみえない（**図 5.3**）．実験室に入る前まで 1 つの部屋で待機するためお互い顔を知っている状況であ

図 5.3　当時の実験室の様子
東京工業大学大岡山キャンパス（執筆者撮影）．

り，中には知人もいるだろう．また，誰がどこに座っているのかは
わかっている状況である．しかし，コンピュータ画面上では，全員
匿名となっており，個人が特定できない．被験者が座る各机のコン
ピュータは実験室の隅にある実験者のコンピュータにつながって
おり，実験者のコンピュータ上ではチューリヒ大学で開発された
z-Tree を操作している．もちろん，実験者の画面は被験者には全
くみえない．

　まずは，実験 B を説明しよう（**図 5.4**）.

(B-1)　1 つの実験につきセッションは 10 ラウンドからなり，1 ラ
　　　　ウンドは 4 ピリオドからなる．

(B-2)　第 1 ラウンドの初めに 20 人の被験者を各 4 人のグループに
　　　　ランダムに分けて 5 つのグループをつくる．ゲームを始める
　　　　前に資金を受け取る順番をランダムに決める．自分が受け取
　　　　る順番と他のメンバーが受け取る順番も情報として開示され
　　　　る．仮に，あるグループのメンバーが A1, B1, C1, D1 で，受
　　　　領順も A1, B1, C1, D1 であるとしよう．

(B-3)　各グループで第 1 ピリオドが始まる．ピリオドの開始時に
　　　　4 人全員に 100 ポイントが付与される．A1 さんは受領者のた
　　　　め資金は提供しない．B1, C1, D1 さんが，持ち金 100 ポイン
　　　　トを A1 さんに与えるかどうかを選択する．与えることがで
　　　　きるポイントは 100 ポイントのみで，たとえば 50 ポイントを
　　　　与えることはできないとする．また，グループメンバー同士
　　　　で話し合えない．もし 3 人全員が持ちポイントを出す場合は
　　　　A1 さんは 300 ポイントがもらえて，B1, C1, D1 さんの持ちポ
　　　　イントは 0 になる．もし B1, C1 さんのみ A1 さんに与えると
　　　　すると，A1 さんは 200 ポイントもらえ，B1, C1 さんは 0 ポイ

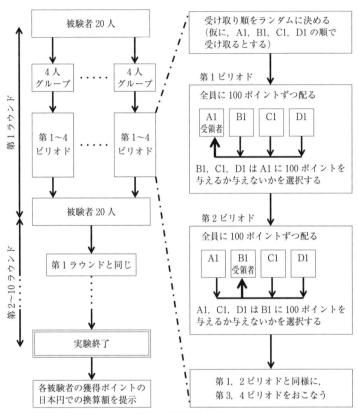

図 5.4　実験 B の手順

ントとなり，D1 さんは 100 ポイントをそのままもらえる．

(B-4)　第 2 ピリオドでは，再び 4 人全員に 100 ポイントを与える．
　　　 今度は B1 さんが受領者になり，A1, C1, D1 さんは B1 さんに
　　　 対して 100 ポイントを与えるかどうかを選択する．

(B-5)　このプロセスを第 4 ピリオドまで続けて第 1 ラウンドが終
　　　 了する．そして，各被験者の利得が提示され，グループは解

散する．第1ラウンドでの合計利得は，受領者になった時に
もらうポイントに利子を乗じたものと，自分の出資額，およ
び各ピリオドの最初に実験者から付与されるポイント（400
ポイント）で決まる．また，第2章と同様に早く受け取るほ
ど利益が高い構造になっている．以下の式によって計算する．

X さんの合計利得 =（X さんに出資した人数）× 100

$$\times 1.3^{(4-(\text{X さんの受け取る順番}))}$$

$$- 100 \times (\text{X さんの出した回数}) + 400$$

そして，第2ラウンドが始まる．

(B-6)　第2ラウンドの初めに再び被験者20人をランダムに5つに
分けて4人グループとする．そして，第1ラウンドと同様に
実験する．ラウンドが変わると匿名も変わるとする．

(B-7)　これを第10ラウンドまでおこない，実験が終了する．第
10ラウンド終了後に利得の総和を計算し，円に換算した額を
実験に参加した報酬とする．これを被験者は受け取る．

　実験P，実験V および実験PV は，実験B をもとに受領権喪失
ルールとメンバー選別ルールを加えている．ここでは各実験と実験
B での違いの大枠を説明することに留めたい．

　実験B と実験P の大きな違いは，第4章で紹介した受領権喪失
ルールがあるかないかである．受領権喪失ルールについては，シミ
ュレーションと同じ設定を実験に入れることが可能になっている．

　実験V については，実験B にメンバー選別ルールを加えるのだ
が，第4章で紹介した進化シミュレーションでのメンバー選別ルー
ルの仮定をそのまま実験の設定にすることは難しい．そこで，先行
研究に倣い（Cinyabuguma et al., 2005; Maier-Rigaud et al., 2010;

Feinberg et al., 2014; Croson et al., 2015），グループメンバーによる投票でメンバーになれるかどうかを決めることにした．具体的に説明しよう．第1回目のラウンドの時はグループを組んだ後にすぐにゲームに入る．第2ラウンド以降においてメンバー選別がおこなわれる．2回目以降の各ラウンドでまずはランダムに4人のグループをつくる．そして，各メンバーの出資するかどうかを判断しなければならなかった状況の回数と，実際に出資した回数が提示される．たとえば4人グループとし，A1さんが過去に3回出資する機会があり，2回とも出資したことが示される．この情報をもとにして，他の3人のメンバーは投票をする．もしA1さんと一緒にゲームをしたいのなら○，したくないのなら×を選ぶ．そして，3人中2人より○が選ばれる，つまり過半数が○を選ぶと，A1さんはグループに残ることができる．

　実験VPは実験Pと実験Vを組み合わせたものになる．なお，この3つの実験の流れについてはKoike et al.（2018）に詳しく説明しているので興味のある方は参照してほしい．

5.2.2 実験結果

　実験結果について議論しよう．まずは第4章の進化シミュレーションの結果より，貢献率が高いのは実験VPであると予測される．しかし，実験結果は進化シミュレーションによる理論予測を裏切ることとなった．

　図5.5aは自分が受領者になる前の出資率，図5.5bは自分が受領者になった後の出資率を示す．図5.5aでは1～10ラウンドの各被験者の受領前の貢献率を示している．10ラウンドでゲームが終了することをあらかじめ知っているため，最終回では4つあるどの実験においても貢献率が下がっている．これは，繰り返しゲームにおい

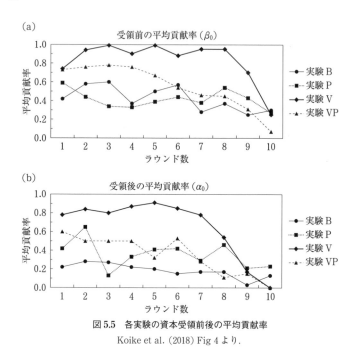

図 5.5　各実験の資本受領前後の平均貢献率

Koike et al. (2018) Fig 4 より.

て，次の取引がない状態では貢献しなくても他のメンバーからリベンジをされることもないために非協力を選ぶ傾向になるという一般的に観察される現象であり，end-game 効果と呼ばれる．10 ラウンド目以外についてもみてみよう．実験 V の貢献率が高いといえる．実験 V と他の実験のそれぞれについて比べてみたところ，統計的に有意に差があり，実験 V は他の実験結果よりも貢献率が高いことがわかった．また，実験 B と実験 P では有意差はみられず，統計的に実験 B と実験 P の結果は違うとはいえない．また，図 5.5b から，受領後の貢献率についても実験 V での値が一番高くなっており，他のそれぞれの実験と比較をしても統計的に有意に差がある

ことがわかった．また，他の3つの実験結果間では統計的に有意差
はない，つまり実験B，実験P，実験VPは異なるとはいえない．

　では，なぜ実験Vの貢献率が受領前・受領後にかかわらず，他
の実験結果と比べて高い値となったのだろうか．実験Vはメンバー
を投票で選ぶシステムを導入している．つまり，第3章，第4章で
いう，グループがメンバーを選ぶ許可条件にあたる．第3章と第4
章の仮定は，あるプレイヤーの評判レベルがグループの判断基準
K_g以上であれば，そのプレイヤーは正式なグループメンバーにな
れるというものであった．一方，この実験では，各プレイヤーの
何らかの判断基準があって，その基準以上のプレイヤーに対して
は「グループメンバーとして認める」とする．そして，ある人をグ
ループメンバーとして認める人が過半数を占めると，その人はグ
ループメンバーとなる．つまり，仮定は異なっている．余談ではあ
るが，もし全員一致ルールであったならば，第3章で紹介した最大
値基準での許可条件と似た設定であったはずだ．

　実験と進化シミュレーションでグループの選び方は若干異なると
はいえ，実験においてグループメンバーを選ぶと，非協力者を排除
できるために，受領前・受領後にかかわらず協力的に振る舞うメン
バーが増えたことがわかった．これは第4章のシミュレーション結
果（図4.3b参照）とは異なっている．

　第4章の進化シミュレーションでは，受領権喪失ルールとメン
バー選別ルールがあると協力は進化しやすくなっている（図4.3d
参照）．しかし，実験VPでもグループメンバーを選ぶにもかかわ
らず，実験Vに比べて貢献度が低いのはなぜであろうか？　この
実験と理論との不一致の謎を解くため，この実験研究における罰
（P）が人の意思決定に及ぼす影響をみてみよう．

　この実験では，自分が受領する時に自分に対して投資しない人

（つまり貢献していない人）は特定できるとしている．各被験者に
A1, A2, A3, A4 などというラベルが与えられ，各ラウンド内では
そのラベルが変化しないためである．罰がない実験 B と実験 V に
おいて，自分への非貢献者（自分に対して協力しなかった人）と自
分への貢献者（自分に対して協力してくれた人）へ対する，今度は
自分が貢献する番になった時の貢献率が変化するかどうかを調べ
た．すると，どちらも自分へ貢献してくれなかった人への貢献率は
有意に低くなっていた．つまり，受領権喪失ルールのような罰とい
うシステムが存在しない実験 B と実験 V において，自発的に罰や
報復をしていたことを示している．一方，実験 P と実験 VP では，
受領前に一度でも他人へ貢献しなかったら，自分が受け取る番にな
った時に他者からの貢献額の総額を受け取れないことになってい
る．そのため，実験 B や実験 V でみられていた自発的な罰がそも
そもできない状況となっている．それがかえって，システムとして
導入した罰が無効となってしまった理由だろうと解釈している．

　今回の研究では各ラウンドの初めに受け取る順番をランダムに決
め，全員に自分の受け取る順番をアナウンスした．つまり，fixed
Rosca になっている．また，各ラウンド内では誰に対して貢献する
のかがわかる状況になっており，そのために報復が可能となった．

　これは第 2 章で紹介した直接互恵性のようであるが，各ラウンド
で 4 ピリオドしかなく，かつ各プレイヤーは 1 回しか受領者になれ
ないため，お互いに助け合うわけではない．また，間接互恵性のよ
うな状況，つまり，自分以外の人に出資していた（あるいは出資し
なかった）人が受領者の時に自分も出資する（あるいは，出資しな
い），というような行動は統計的に有意ではなかった．様々な理論
研究の先行研究からは，ゲーム回数が少ない場合は直接互恵性より
間接互恵性のほうが生じやすいという予測が立つが，実際はそうで

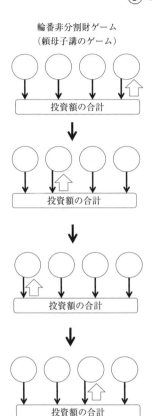
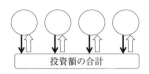

図 5.6　ゲーム構造の比較

はなかったというところは面白い.

　第 2 章で説明した公共財ゲームと今回の頼母子講は一見似ているが, 実は異なる側面もある（**図 5.6**）. 公共財ゲームでは同時に投資をして, 投資額の和に利子をかけたものが全員に均等分配される. このような all-for-all の構造では, 今回の頼母子講のゲームで観察された, 非協力者が受け取る時に提供者は貢献をしないというよう

な自発的な罰が不可能となる．繰り返して公共財ゲームをする場合，前回の受取額が少ないからといって，リベンジとして出資額を減らしてしまうと，協力者の受領金額も減ってしまうことになる．つまり，頼母子講のゲームのようにピンポイントで自発的な罰を与えることができない構造になっており，公共財ゲームとは異なることがわかる．

5.3 まとめ：様々な研究手法から頼母子講を探るとは

　頼母子講という世界的に存在している慣習的な組織が維持する条件を調べるために，第4章のコンピュータによる進化シミュレーションに加え，聞き取り調査や経済学実験をおこなった．研究手法は多様であり，それぞれの長所をうまく組み合わせていくことで，新たな研究につながっていく．様々な研究者との共同研究や協力のおかげでこのような経験ができ，非常に楽しい研究であった．

⑥

保険制度の起源と相互援助ゲーム

6.1 保険制度の起源

第4章や第5章で紹介した頼母子講の関連研究を探っていたところ，Sugden (1986) の相互援助ゲーム (mutual-aid game) に行き着いた．19世紀から20世紀初頭のイングランドでは労働者が共済組合や健康組合を運営しており，Sugden (1986) はベル卿夫人が執筆した興味深い報告書を紹介している．それによると，メンバーの1人が事故や急病になると，職場で「集会」が開催され，集会では帽子が回されたという．治療費や万が一に備えての葬式費用が賄えるように，誰もが帽子へ寄付金を入れたという (Lady Bell, 1907, p.76)．Sugden (1986) では，このような初期の共済組合や健康組合をもとにして相互援助ゲームを提案した．

ベル卿夫人の話は100年以上の前であるため古めかしいことを扱っていると思うかもしれないが，そんなことはない．たとえば，香港のタンザニア人コミュニティでは，タンザニア香港組合

(Tanzania Hong Kong Union) を結成している（小川, 2019）. この組合結成のきっかけは, 2009年にあるタンザニア人が香港で亡くなり本国に遺体を運ぶことになったが, 非常に多くの費用がかかることが判明し, 仲間でお金を持ち寄って遺体の航空運賃を工面したことである. 他の滞在者にも同じことが降りかかりうるわけで, もしもに備えることになった. 日本人が圧倒的に少数派な異国の地で暮らす場合には, 日本人も同じような組織をつくる可能性は高いといえよう.

このような組織がもとになって, 現在の高度に発達した共済組合や保険会社となっただろう. 初期段階のシステムがどのようなルールで保たれているのかを知ることは, 現在の保険制度やシステムの大前提となる信用がどのように確立していくのかを知ることにもなる. 現在も存在する保険会社の会社名には「相互」の言葉が入っているが, このことからも相互援助・相互扶助が保険会社の発端であったことがわかる.

6.2 相互援助ゲームとは何か

相互援助ゲームについて説明しよう（**図6.1**）. グループが n 人から構成されているとする. グループメンバーからランダムに1人選び, その人を受領者とする. 残りのメンバーは提供者となる. 病気になったりするのは突然であることが多く, 誰がいつそういう状況に陥ってもおかしくないため, ランダムに受領者を選ぶという仮定は妥当である. 提供者は, 受領者に対して助けるかどうかを判断する. 助ける場合は, 提供者はコスト $-c(c > 0)$ を払って助ける. このコストとは金銭の支払いであったり, その人のために何か行動を起こすような時間を費やすことであったりする. 提供者からの援助は, 受領者には b の価値になるとする（$b \geqq c > 0$）. $b \geqq c$ というの

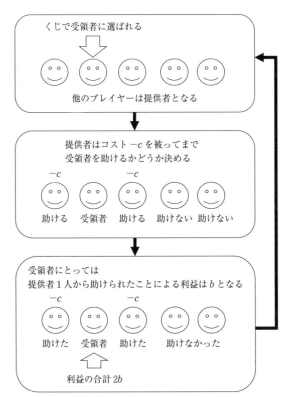

図 6.1　相互援助ゲーム

は，金銭であれば利子がつく状況になる．労力の提供であれば，提供者の労力の価値が，受領者にはその労力の価値以上になっている状況を仮定している．もし提供者全員が受領者を助けるとすると，受領者は $(n-1)b$ の利益を得て，各提供者は $-c$ のコストを被ることになる．提供者全員が受領者を助けないとすると，受領者の利得はなく，提供者もコストを被らなくて済む．

　このゲームは図 2.4 の all-for-one 構造になっていることがわか

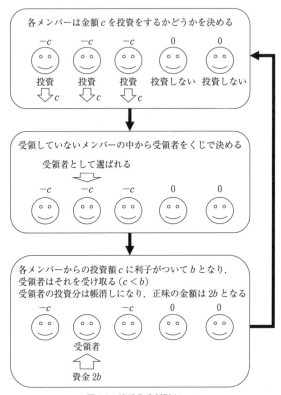

図6.2　輪番非分割財ゲーム

る．第4章，第5章で紹介した頼母子講のゲーム（輪番非分割財
ゲーム）と相互援助ゲームの違いは図6.1と**図6.2**に示している．
些細な違いにしかみえないかもしれないが，実は非常に大きな違い
を生じる．それについては**Box 9**で説明する．

Box 9　相互援助ゲームと輪番非分割財ゲームの比較

相互援助ゲームは，頼母子講の章で紹介した輪番非分割財ゲームと

非常によく似たシステムである．しかし，異なる点もある（図 6.1 と図
6.2）．相互援助ゲームでは，受領者をランダムに選び，その受領者を
みて提供者は協力をするかどうかを決める．また，確率的に同じ人が
何度も受領者になれるが，一方で確率的に全く受領者にならずにゲー
ムが終了することもある．頼母子講では，全員が輪番で受領者になる
ことができる．また，資金を提供してから受領者をくじで決めるため，
提供者は受領者によって資金を支払うかどうかを決めることはないと
いう仮定も妥当になる．基本的には一度資金を受領するとゲームが一
巡するまでは受領者になれないというルールがある．そしてこの資金
の受領に関する仮定が異なるため，モデル上は戦略の設定が異なる．
実際の人間でも意思決定は異なっていると思われる．これについては
被験者実験などで確かめる必要があるだろう．

　6.1 節のタンザニア香港組合のように，現代でも相互援助ゲーム
に当てはまる例はいろいろある．19 世紀から 20 世紀初頭のイング
ランドと同様，冠婚葬祭は予期せずに起こり，非常にお金がかか
る．今の日本では以前と比べて冠婚葬祭は簡素になっているとは
いえ，それなりの出費となる．国によっては借金の原因の多くが葬
式と結婚式と病気であり，家族内で立て続けに起こってしまうと，
「首が回らなくなる」のである（Collins, 2010）．銀行などでローン
を組む人もいるが，かつては日本でも相互援助ゲームと one-for-all
構造を組み合わせたシステム（念仏講）によって地域で助け合って
葬儀をおこなっていた．なお，第 5 章で紹介した佐渡島でのフィー
ルド調査では，頼母子講だけではなく，福浦地域の念仏講について
の聞き取りもした（中丸・小池，2015b）．

6.3　進化ゲーム理論に基づくモデル化

Shimura and Nakamaru（2018）では，相互援助ゲームの進化

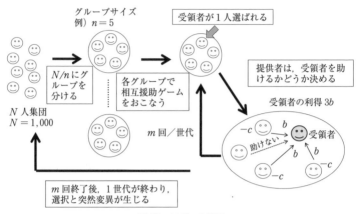

グループサイズ
例）$n = 5$

受領者が1人選ばれる

N/nにグループを分ける

各グループで相互援助ゲームをおこなう

提供者は，受領者を助けるかどうか決める

N人集団
$N = 1,000$

m回／世代

受領者の利得 $3b$

$-c$　b　受領者
助けない
b　b
$-c$　$-c$

m回終了後，1世代が終わり，選択と突然変異が生じる

図 6.3　モデルの概要

ゲーム理論解析をおこなった．この研究のモデルの仮定を説明しよう（**図 6.3**）．集団は N 人からなり，たとえば 1,000 人とか 500 人を仮定しよう．査定ルールは第 2 章で紹介した leading eight と呼ばれている 8 つのうちの 1 つを全員が採用する（表 2.1 参照）．つまり，全員が同じ査定ルールを採用すると仮定する．表 2.1 の見方について $R(X, Y, Z)$ の関数を使って説明しよう．R というのは応答（response）の意味である．X は提供者の評判，Y は受領者の評判，Z は提供者の行動とする．X あるいは Y は，良い評判（G）か悪い評判（B）のどちらかとする．Z は，提供者が受領者に援助あるいは協力するか（C），援助しないあるいは協力しない（D）かのどちらかとする．$R(G, G, C) = G$ というのは，評判の良い提供者が評判の良い受領者を助けると，提供者の評判は良いままで更新されるということを示す（表 2.1 列 (a) および**図 6.4**）．

　表 6.1 にあるように行動戦略として，条件付き協力戦略を 2 種類と，常に協力をする AllC 戦略，常に協力をしない AllD 戦略の 4 種類を仮定する．ただ，先行研究に倣って，査定ルールが Stand

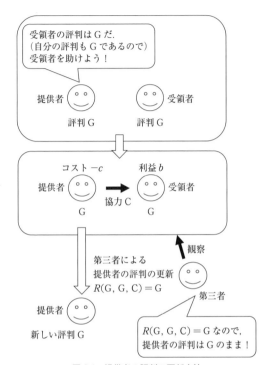

図 6.4　提供者の評判の更新方法

あるいは G-Judge の時は条件付き戦略として Or-戦略を仮定し，その他の査定ルールの時は Co-戦略を仮定する（Ohtsuki and Iwasa, 2004）.

　そしてグループサイズが n 人のグループを N/n 個つくる（$n \geqq 2$）（図 6.3）. また，グループ分けの際は，N 人からランダムにプレイヤーを選び，グループメンバーを決めるとする. グループメンバーで相互援助ゲームを m 回おこなうとする. まずはグループメンバーは全員良い評判（G）であるとして，1 回目のゲームを始める. 各回ではランダムに 1 人が受領者となり，残りのメンバーは提供者

表6.1 提供者の行動戦略（4種類）

提供者は，受領者の評判と提供者自身の評判をもとに，受領者を助けるかどうかを決める．表中のGとBは評判の良し悪しを示す．CとDはそれぞれ提供者が受領者を助けるか助けないかを示す．AllCの提供者は，評判によらず常に受領者を助ける．AllDの提供者は，評判によらず常に受領者を助けない．Or-戦略の提供者は，受領者の評判が良い時に受領者を助ける．また，提供者本人と受領者の評判が悪い時も，提供者は受領者を助ける．提供者の評判が良いが，受領者の評判が悪い時は，提供者は受領者を助けない．Co-戦略の提供者は，受領者の評判が良ければ受領者を助け，受領者の評判が悪ければ受領者を助けない．なお，Sugden (1986) の T_1 戦略の行動戦略はCo-戦略である．

提供者の評判	G		B	
受領者の評判	G	B	G	B
AllC 戦略	C	C	C	C
AllD 戦略	D	D	D	D
Or-戦略	C	D	C	C
Co-戦略	C	D	C	D

となる．各提供者は自分の行動戦略（表6.1）をもとにして受領者を助けるかどうかを決め，提供者の行動と提供者および受領者の評判によって，提供者の評判が更新される（表2.1）．

表6.2 をもとにして具体的にグループでどのようなゲームをおこなっているのか説明しよう．たとえば5人のグループとし，2人がS-Stand+Co, Judge+Co, Stand+Or, G-judge+Or のいずれかであり，残りの3人がいつでも誰に対しても協力をしない AllD プレイヤーとする．なお，以下では，S-Stand+Co, Judge+Co, Stand+Or, G-judge+Or の戦略のプレイヤーを S-J プレイヤーと呼ぶ．この4つの戦略を一括りにする理由は後ほど説明する．

ゲームの開始時は，全員が良い評判（G）である．第1回目のゲームにおいてランダムに選んだ受領者が S-J プレイヤーであり，他のプレイヤーが提供者となる．提供者となった S-J プレイヤーは，「自分はGで，相手もGなので，相手に対して協力をする．協力を

表6.2 S-J プレイヤーの相互作用 ($n = 5$)

S-J プレイヤーとは，S-Stand+Co，Judge+Co，Stand+Or，G-Judge+Or のいずれか
を示す.

	1回目	2回目	3回目	総利得
	G	G	G	G
S-J	—	D	D	b
	G	G	G	G
S-J	C	D	D	$-c$
	G	B	B	B
AllD	D	—	D	0
	G	B	B	B
AllD	D	D	—	0
	G	B	B	B
AllD	D	D	D	0

選んだ提供者は受領者に利益 b を与え，提供者はコスト c を払う
ことになる．そして，$R(\mathrm{G}, \mathrm{G}, \mathrm{C}) = \mathrm{G}$ のため，提供者である S-J
プレイヤーの評判は良いままである．3 人の AllD プレイヤーは，
受領者の評判にかかわらず受領者には協力をしない．その結果，
$R(\mathrm{G}, \mathrm{G}, \mathrm{D}) = \mathrm{B}$ となり，AllD プレイヤーの評判は悪くなる (B).

　第 2 回目では，AllD プレイヤーの 1 人が受領者となったとし
よう．AllD プレイヤーの評判は B であるので，S-J プレイヤーは
AllD プレイヤーには協力しない．そして，$R(\mathrm{G}, \mathrm{B}, \mathrm{D}) = \mathrm{G}$ のた
め，S-J プレイヤーの評判は G のままである．提供者である AllD
プレイヤーは受領者に協力はしない．提供者である AllD の評判は，
$R(\mathrm{B}, \mathrm{B}, \mathrm{D}) = \mathrm{B}$ という査定ルールのために，悪い評判となる．

　第 3 回目では，第 2 回目の受領者とは別の AllD プレイヤーが受
領者になったとしよう．受領者である AllD の評判が B であるの
で，提供者である S-J プレイヤーは協力はしない．その S-J プレイ
ヤーの評判は G のままである．また，提供者となった AllD プレイ
ヤーは受領者には協力せず，提供者の評判は B のままである．

表 6.2 は第 3 回目までの相互援助ゲームを示しているが，ここまでの結果より，条件付き協力戦略である S-J プレイヤーは，第 1 回目の受領者が AllD にならない限りは，AllD プレイヤーに協力して損をすることはない．特に重要な点としては，$R(B, B, D) = B$ という S-J プレイヤーの共通ルールのおかげで，AllD プレイヤーの評判が G に戻ることはないということである．そのため，S-J プレイヤーが AllD に協力をしてしまうことが起こらない．一方，S-J プレイヤー以外の戦略ではそうはいかないが，これについては後ほど詳しく説明する．

ゲームを m 回おこなったところで各メンバーの利得を計算し，グループは解散となる（図 6.3）．プレイヤーの戦略ごとに利得を集計し，選択をおこなう．つまり，各戦略の利得の比に応じて，次世代の戦略の頻度を決める．突然変異は確率 e で起こるとし，突然変異によって戦略は変更されるとする．選択と突然変異は，それぞれ，利得の高いプレイヤーの戦略の模倣とランダムな戦略の変更に相当する（第 1 章参照）．

まずは 8 つの査定ルールのうち 1 つを全員が採用しているとして，集団中に AllD 戦略と条件付き協力戦略（Co-戦略あるいは Or-戦略）のプレイヤーがいるとする．条件付き協力戦略のプレイヤーが多数派の時に，少数派の AllD 戦略のプレイヤーに対して進化的に安定になるかどうかを調べるとともに，多数の AllD 戦略のプレイヤーに対して条件付き協力戦略のプレイヤーが侵入可能かどうかを調べた．

プレイヤーが，受領者の評判を勘違いしたりとるべき行動（協力するか否か）を間違えたりする確率も考慮した．先行研究では，エラーを認知エラーと実行エラーの 2 種類として仮定することが多い．また，研究によって認知エラーや実行エラーの仮定の置き方

は様々である．この研究での認知エラーとは，提供者の行動（協力
するかしないか）によって提供者の評判は更新されるが，その時
に，他のプレイヤー全員が間違って認識をしてしまうという仮定と
した．つまり，A さんの更新された評判が G であるのに，他のメ
ンバー全員は間違って B と認知してしまう．実行エラーとしては，
Co や Or で協力をしないという行動になるはずなのに，間違えて協
力をしてしまうとした．エラーを考慮した時のシミュレーション結
果と常に協力をする AllC 戦略からの影響についてここでは説明し
ないが，興味があれば原著論文（Shimura and Nakamaru, 2018）を
読んでほしい．

6.4 数理モデルとエージェントベースシミュレーション

　まずはレプリケータ方程式によって，8 つの条件付き協力戦略の
プレイヤーそれぞれが，AllD 戦略のプレイヤーに対して進化的に
安定になる条件を計算した．エラーのない時は数学的に解くことが
可能になり，$m > (n/(n-1)) \times (b/(b-c))$ となった（図 **6.5**）．こ
れは，利益 b とゲーム回数 m も大きいほど，8 つの条件付き協力
戦略のプレイヤーのどれもが AllD 戦略のプレイヤーに対して進化
的に安定になるということを示す．この結果は直感にも合っている
が，グループサイズ n が大きいほど進化的に安定になりやすいとい
う点は興味深い（図 6.5）．また，エージェントベースシミュレーシ
ョンもおこない，数式から求めた進化的に安定になる条件と比較す
ると，2 つの結果が一致していることがわかった（図 6.5）．

　次に，AllD 戦略のプレイヤーが占拠している集団に，条件付き
協力戦略が侵入できる条件についてレプリケータ方程式を求めて計
算した．すると，条件付き協力戦略のプレイヤーは AllD 戦略のプ
レイヤーの占める集団へは進化的に侵入ができないことがわかっ

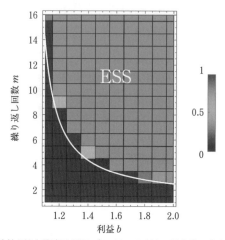

図 6.5 条件付き協力戦略が AllD プレイヤーに対して進化的に安定になる条件

白線が $m = \frac{n}{n-1} \times \frac{b}{b-c}$. $m > \frac{n}{n-1} \times \frac{b}{b-c}$ が条件付き協力戦略が進化的に安定になる範囲となり, ESS と記している. シミュレーション結果は色の濃淡で示している. 色が薄いとき, 条件付き協力戦略のプレイヤーが集団を占め, AllD プレイヤーはいなくなる結果になる. つまり, 条件付き協力戦略が進化的に安定な戦略となることを示す.

た. エージェントベースシミュレーションもおこなったところ, 条件付き協力戦略のプレイヤーのうち, 4 種類の戦略が AllD 戦略のプレイヤーに対して侵入可能となった (**図 6.6**a). レプリケータ方程式では無限集団を仮定したが, エージェントベースシミュレーションでは無限集団を仮定することは不可能であり, 今回は全体のプレイヤー数 (N) を 1,000 人にしている. 侵入可能となったのは, おそらくエージェントベースシミュレーションでは有限サイズでの確率性が効いたためであろう.

　前節と同様に S-Stand+Co, Judge+Co, Stand+Or, G-Judge+Or の戦略のプレイヤーを S-J プレイヤーと呼ぶことにした. この 4 つの戦略の共通点としては, 「悪い評判の提供者が悪い評判の受領者

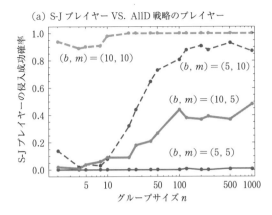

(a) S-J プレイヤー VS. AllD 戦略のプレイヤー

$(b, m) = (10, 10)$

$(b, m) = (5, 10)$

$(b, m) = (10, 5)$

$(b, m) = (5, 5)$

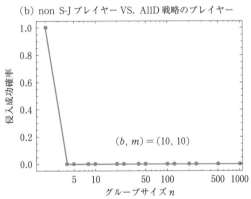

(b) non S-J プレイヤー VS. AllD 戦略のプレイヤー

$(b, m) = (10, 10)$

図 6.6　条件付き協力戦略が AllD 戦略のプレイヤーに対して侵入可能になる条件

に協力しない場合は，提供者の評判が悪いままである」，つまり，$R(B, B, D) = B$ である．図 6.6a より，グループサイズ n が大きいほど S-J 戦略のプレイヤーは侵入可能になりやすいこともわかる．一方，他の 4 つの条件付き協力戦略である Sugden rule+Co, Kandori rule+Co, SugKan+Co, KanSug+Co については，シミュレーションをおこなっても AllD 戦略のプレイヤーばかりの集団に

進化的に侵入できないことがわかった（図 6.6b）．これら 4 つの戦略 non S-J プレイヤーと呼ぶ．

　では，なぜ，S-J プレイヤーは AllD 戦略のプレイヤーばかりの集団に侵入可能であるのに，non S-J プレイヤーは侵入できないのだろうか．S-J プレイヤーが侵入できる理由は，相互援助ゲームの例として挙げた表 6.2 に示されている．S-J プレイヤーに共通の性質である $R(B, B, D) = B$，つまり「悪い評判の提供者が悪い評判の受領者に協力しない場合は，提供者の評判が悪いままである」のために，AllD 戦略の提供者の評判は悪いままになる．その結果，S-J プレイヤーは AllD 戦略のプレイヤーに協力をして損をすることが少なくなる．一方，non S-J プレイヤーの場合は，**表 6.3** のような振る舞いになる．比較のため，表 6.2 と同じグループの構成メンバーとし，受領順も同じとした．2 回目に悪い評判のついている AllD 戦略の受領者に対して，評判の悪い AllD 戦略である提供者が協力をしない場合について表 6.3 でみてみよう．この時，$R(B, B, D) = G$，つまり「悪い評判の提供者が悪い評判の受領者に協力しない場合は，提供者の評判が良くなる」というルールにより，AllD 戦略の提供者は良い評判となってしまう．もしその AllD 戦略のプレイヤーが受領者となると，条件付き協力戦略である提供者は，その AllD 戦略の受領者に対して協力をしてしまうのだ．その結果，non S-J プレイヤーは AllD 戦略のプレイヤーに対して利得が低くなり，特に，少数派の時には不利になる．

　一方，non S-J プレイヤーが集団の中で多数派である時は，$R(B, B, D)$ の査定ルールが影響しなくなる．なぜなら，$R(B, B, D)$ の査定ルールが効力を発揮するには，グループ内に AllD 戦略のプレイヤーが 2 人以上いなければならない．そして，その AllD 戦略のプレイヤーの評判が悪くなる必要がある．しかし，AllD プレイヤー

表 6.3　non S-J プレイヤーでの相互作用 ($n = 5$)

non S-J プレイヤーは，Sugden rule+Co, Kandori rule+Co, SugKan+Co, KanSug+Co
のいずれかとなる．

		1 回目		2 回目		3 回目		総利得
	G		G		G		G	
Other 4		−		D		C		b
	G		G		G		G	
Other 4		C		D		C		$-2c$
	G		B		B		B	
AllD		D		−		D		0
	G		B		G		G	
AllD		D		D		−		$2b$
	G		B		G		B	
AllD		D		D		D		0

　が少数派であると，1 つのグループにつき AllD プレイヤーは 1 人
いるかいないかである．そのため，AllD プレイヤーが受領者とし
て選ばれにくくなり，$R(B, B, D)$ の査定ルールは AllD 戦略のプレ
イヤーの評判には影響しなくなる．これは S-J プレイヤーも同様で
ある．つまり，条件付き協力戦略の 8 種類のいずれかが多数派の集
団では，8 種類とも同じ挙動になって，AllD 戦略のプレイヤーに対
して進化的に安定な戦略となる．ただしエラーがあると，8 つの条
件付き協力戦略は同じ挙動にはならなくなり，AllD 戦略のプレイ
ヤーに対する進化的に安定となる条件も変わってくる．

　また，表 6.2 から，グループサイズが 3 以上でなければ，$R(B,$
$B, D)$ の影響が出ないことがわかる．つまり，グループ内に AllD
戦略のプレイヤーが 2 名，条件付き協力戦略が 1 名以上いて初め
て，$R(B, B, D)$ によって条件付き協力者が AllD 戦略のプレイヤー
に対して協力するかどうかの影響が出る．2 人での相互援助ゲーム
（2 者間の囚人のジレンマゲームにあたる）では，$R(B, B, D)$ の影
響はないのである．

6.5 相互援助ゲームの進化ゲーム理論解析から示唆されること

この研究では大きな集団ほど協力が進化しやすいことを示したという点が要になる．これは共済組合や労働組合，保険システムに参加する人数が多くてもシステムが機能することを示している．相互援助ゲームのような all-for-one 構造は人間がつくり上げたルールや制度であるが，それによって大きな集団における協力が可能になったことが示唆された．

多くの進化ゲーム理論の先行研究では，小さな集団において公共財ゲームのような相互作用をすることで協力が進化をするといわれてきた (e.g. Boyd and Richerson, 1988)．そして，集団が小さなサブ集団に分かれている場合や，集団中で様々な2者間が相互作用をする場合に大きな集団で協力が進化するという議論が主流であった．これらの点について，本研究では大きな集団であっても相互援助ゲームによって協力が進化することを示せたことは重要だ．

AllD 戦略のプレイヤーが占めている大集団で協力が進化的に侵入可能になるには，3者間以上の相互作用が要になることも本研究では示した（表6.2）．集団内の2者間の相互作用の積み重ねが集団の動態を決めるというのではなく，3者間以上の関係性が重要になってくるのだ．「悪い評判の提供者が悪い評判の受領者に協力しない場合は，提供者の評判は悪いままである $(R(B, B, D) = B)$」という評判の査定ルールが，進化において重要となる（表6.2，表6.3）．

これらが機能するための前提は，各メンバーの過去の行動と評判を把握することである．人は150人ぐらいの評判なら記憶でき，この数字はダンバー数と呼ばれている (Dunber, 2004)．そのくらいの規模の組織における相互援助は，現実的にも存在する．しかし，

人数があまりに多くなると全員の評判と行動を記憶しておくことは
難しくなる．もし組織内で分業が起これば各個人の情報を管理する
部署ができるため，情報管理が容易になり，それによって大人数の
共済組合や保険システムが機能するだろう．相互扶助システムの発
展を考える上で分業は重要かもしれない．

　一方，第3章では，公共財ゲームを用いたグループメンバーの選
び方と協力の進化に関する研究を紹介した．グループサイズが大き
くても協力は進化しており（図3.7参照），all-for-one構造でなけ
ればグループサイズが大きいほど協力が進化しやするなるわけでは
ない．all-for-all構造であってもグループメンバーを選ぶというよ
うなルールを入れると，同じような傾向になる．今後はこのような
傾向についてきちんと整理する必要があるだろう．

組織の分業における協力の進化

7.1　分業なくして生活なし

　前章までは，プレイヤー同士は，同じ立場，同じ役割，同じ財産という仮定を置いていた．しかし，人間社会においてこれらが全く同じであることは珍しく，異なる場合のほうがはるかに多い．

　ロビンソン・クルーソー並みにすべてのことを1人で成し遂げることは難しい．たとえば今の日本では，自分で野菜や家畜を育てることは稀であり，多くは小売店舗で買い物をする．1人ですべてを賄おうとすると，1年間の1人分の食事のために膨大な時間を費やして野菜や家畜を育てることになり，他のことができなくなってしまう．野菜や肉は農家や酪農家に任せている．また，近所に農家や酪農家の直売所がある場合を除き，生産者から野菜や肉を直接買う人は多くはない．必ず業者が仲立ちしている．

　生産者は信用できる仲介業者に農作物を売ることになるが，多くは農協という信用できる組織に，小売業者への野菜の流通を委託し

ている．つまり分業をしているのだ．農協を通さず，自分で流通経路をもっている農家もあるが，これには自分で時間を費やして流通経路を開拓する必要がある．このように，食料1つをとっても分業をしている．

世の中には，様々な分業が存在する．たとえば生産者が小売に農作物を販売する場合を考えよう（**図 7.1**a）．この場合，小売が信用できるならば，小売は消費者に販売する時に生産者に不利益にならないようにしていると生産者は考えるだろう．図 7.1a では，役割 B_1 が農作物の生産者，役割 B_2 が小売で，消費者への販売が目的になる．分業の3種類とは，生産者が仲介業者に生産物を販売し，仲介業者が小売に販売する場合である（図 7.1b）．図 7.1b では，役割 B_1 が農作物の生産者，役割 B_2 が仲介業者，役割 B_3 が小売業者，消費者への販売が目的になる．この時，生産者が仲介業者を信用して農作物の取引をしたとしても，仲介業者が取引した小売業者が農作物を適切に消費者に販売しない場合もあるだろう．このように，分業の悪い点の1つとしては，自分の目の届く範囲外で何かが起きても責任をとれないことがある．

社会は様々な分業体制からなっており，分業は信用があって初めて可能になる．分業において信用が醸成されるための条件は何だろうか．

図 7.1 は線型的な関係の分業を示しているが，図 7.1d のように役割 A_1 から A_n までが独立に分業をしているような場合もある．また，もっと複雑なネットワーク型になっている場合もあるだろう．

この章では，図 7.1b や図 7.1c のような線型の分業に着目し，信用の基盤となる協力が維持されるシステムについて検討する．具体例として日本の産業廃棄物処理を挙げ，システムとして成り立たせるための罰則規定の影響について扱う．最終節では，線型的な分業

(a)

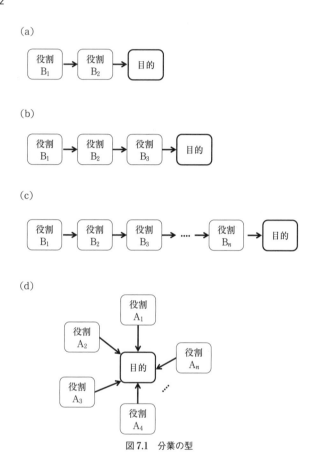

(b)

(c)

(d)

図 7.1 分業の型

の一般的な議論をする.

7.2 産業廃棄物処理工程と不法投棄に関する罰則

図 7.2 は日本における産業廃棄物処理工程のイメージである. この図に従って説明しよう. 工場などで製品を作成する過程では, 産業廃棄物 (産廃) ができる. 以降, この事業者を排出事業者と呼

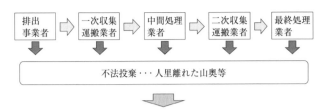

図7.2　産業廃棄物処理工程

ぶ．産廃を捨てるにあたって，まず一次収集運搬業者（一次収運）に依頼をする．一次収運は産廃をトラックで中間処理業者（中間処理）まで運ぶ．中間処理は受け取った廃棄物を砕いて小さくしたり，含有物質を摘出したり，分解したりする．そして二次収集運搬業者（二次収運）に依頼して，処理した産廃を最終処理業者（最終処理）へ送ってもらう．なお，一次収運と二次収運は同じではない．最終処理は自分の所有している土地を掘り，産廃やそこから漏れ出る化学物質によって土壌が汚染されないように適正処理をした上で，産廃を埋め立てる．つまり，排出事業者，一次収運，中間処理，二次収運，最終処理の5つの業者が，線形につながった分業関係になっている．

　業者にとっては，不法投棄したほうが安上がりである．自分で不法投棄をする場合もあるし，不法投棄専門の業者に依頼することもある（石渡，2002）．石渡（2002）には不法投棄の世界が詳しく書かれている．

　不法投棄は，自然環境の悪化や美観の悪化をもたらす．自宅の近所に不法投棄されたゴミの山があることを想像すると，いかに美観を損なうか想像できる．廃棄物の臭いのために生活の質が低下することもあるだろう．廃棄物の種類によっては，水質悪化を招き，生態系への影響も生じるかもしれない．そうなると，回り回って社会

の全員が被害を受けることになる.

　不法投棄をするほうが，適正処理，つまり，次の業者に産廃を委託するためにコストをかけるより経済的に有利なため，不法投棄へのインセンティブが高くなる.

　では日本では，不法投棄を防ぐためにどのような制度をつくっているのだろうか. 1つには，不法投棄現場を押さえ，どの業者が不法投棄をおこなったのかを割り出し，罰金の支払いを命じるというものがある. 不法投棄業者は地方公共団体の職員がGメンとなって割り出す（石渡，2002）. しかし，不法投棄は富士山麓など人目につかない場所でおこなわれるために高い探索コストがかかる. 仮に不法投棄現場を押さえたとしても，どの業者が不法投棄をしたのかわからないように巧妙におこなわれている. 廃棄物を調べて業者の名前の入った書類がみつかることはない. 書類はシュレッダーにかけられ廃棄物はすべてが粉々にされ，不法投棄業者を割り出すことはとても難しい.

　そこで平成2年（1990年）より，マニフェスト制度が厚生省（現在の環境省）の行政指導で始まった（公益財団法人 日本産業廃棄物処理振興センター[1]）. マニフェストとは産業廃棄物管理票のことであり，以下では管理票とする. これについて簡単に説明をしよう. まずは排出事業者が行政から管理票を受け取り，管理票に廃棄するゴミの情報を記入する. 一次収運へ産廃を委託する時にその管理票も一緒に渡す. 一次収運は管理票の所定の欄に記入し，中間処理へ産廃を委託する時に産廃とともにこの管理票を渡す. 中間処理は処理後の情報などを記入し，二次収運へ産廃を委託する時に管理

---

[1] https://www.jwnet.or.jp/waste/knowledge/manifest/index.html （2019年4月更新）より.

票を渡す．二次収運も所定の欄に記入し，産廃とともに最終処理に
この管理票を渡す．最終処理はこの管理票を二次収運へ渡し，中間
処理，一次収運，最後に排出事業者へと，管理表を逆の流れで戻し
ていく．そして排出事業者は，すべての所定の欄に記入されている
管理票を行政に戻す．これで制度の遂行が完了する．

　もし，排出事業者が管理票を一次収運に渡したとしても，回り回
って戻ってくる可能性は低いかもしれない．そうなると，排出事業
者は行政に管理票を提出できなくなる．原因が他の事業者にあって
も，排出事業者が罰を受けることになってしまう．古い情報である
が，たとえば北海道新聞 2005 年 2 月 21 日版によると，管理票関係
の罰金は最高で 1 億円という．

　環境庁が公開している不法投棄件数や不法投棄量によると，興味
深いことに，マニフェスト制度を導入してから平成 12 年（2000 年）
頃までは不法投棄件数が増えており，その後減少傾向にあるという
（**図 7.3**）．

　そこで北梶・大沼（2014）は，罰則によってはかえって不法投棄
を増やしてしまう可能性があるのではないかという仮説を立て，
ゲーミングという被験者実験により検証をおこなった（Shubik,
1965）．ゲーミングとは被験者実験の 1 つであるが，第 5 章後半で
紹介した経済学におけるゲーム理論を実証するための被験者実験の
ように，統制された状況下かつ単純化された設定において数個の選
択肢から意思決定を選ぶ実験とは異なっている．ゲーミングでは，
実験者がある程度の実験枠組みを設定しているが，現実を模した設
定にしており，被験者は自由に意思決定ができるようになってい
る．北梶・大沼（2014）のゲーミング実験結果によると，監視・罰
則のない条件下のほうが不法投棄量が少なかったという．これは，
マニフェスト制度を導入したにもかかわらず不法投棄量が増えた実

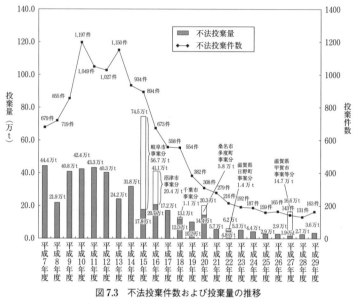

図 7.3 不法投棄件数および投棄量の推移

環境省ウェブページ，平成 31 年 1 月 11 日報道発表資料より（https://www.env.go.jp/recycle/ill_dum/santouki/index.html）.

際のデータを説明している可能性もある（図 7.3）.

一方，平成 12 年ごろを境にして不法投棄件数や量は減少傾向にあり，これはマニフェスト制度の効果があったおかげなのか，それとも不法投棄がますます巧みになり，発見が難しくなっているためなのか，このデータではそれ以上はわからない．現実は何もわからないのである．

そこで私は，進化ゲーム理論での協力の進化における罰によって協力が促進される条件を探る研究からこの問いについて答えるべく，モデルを組み立ててみることにした．

罰則には 2 通りある．不法投棄を発見して当事者に罰金を課す方

法と管理票未提出な排出事業者に罰金を課す方法である．それぞれ
を「当事者責任システム」，「排出事業者責任システム」と呼ぶこと
にする．これらの影響の違いをみていく．

　研究を進めていくにあたり共同研究者と相談を重ねる中で気が
ついたことであるが本研究の新しさは，「分業（division of labor）」
を扱っていることにあるといえる．

7.3　基本モデル

　7.2 節で述べた通り，日本における産廃の処理工程は，排出事業
者，一次収運，中間処理，二次収運，最終処理の 5 つに分かれて
いる．より単純化して，排出事業者，中間処理，最終処理の 3 者
とし，一次収運と二次収運は省いた 3 種類の役割分担について罰
則のないモデルを基本モデルとしよう．なお，排出事業者と最終
処理の 2 つの役割分担がある時についての結果も解析しているが，
3 種類のほうが現実の産廃の状況をうまく表している（詳しくは
Nakamaru et al., 2018）．

　排出事業者は製造物からの利益として b 円を得るとする．排出事
業者は協力戦略と非協力戦略の 2 つの戦略のいずれかをとる．協力
戦略の場合，製造工程で発生した産廃を中間処理へ委託するため，
委託費用として x_1 円を払う．一方，非協力戦略は委託せずに不法
投棄する．実際には不法投棄するにも費用はかかるが，ここではな
しとする．しかし，不法投棄のために自然環境や生態系に悪影響が
出てしまい，関係者全員がそれに対するコストを負担することにな
る．この不法投棄による悪影響を環境負荷 rg_0 とする．g_0 は不法投
棄量，r は単位あたりの産廃からの環境負荷で，コストとして金銭
で換算しなおすとする．これを全員が被る．排出事業者は他の事業
者よりも多く費用を被るので，モデル上は s 倍費用を被ると仮定す

る $(s \geqq 1)$.

協力的な排出事業者が中間処理に委託すると，中間処理は委託費用 x_1 円をもらうことになる．中間処理としては，まずは受け取った産廃を処理するか処理しないかを選択する．処理する場合はコスト c_{mid} 円がかかるとする．その上で，最終処理へ処理あるいは未処理の廃棄物を委託するかどうかを決定する．産廃を処理するは協力 (C)，処理しないは非協力 (D) とする．また，最終処理へ産廃を委託するは協力 (C)，委託しないは非協力 (D) とする．そうすると，中間処理の戦略は4種類となる．この4種類を，C-C 戦略，C-D 戦略，D-C 戦略，D-D 戦略と呼ぶ．C-C 戦略は処理をし委託もするという戦略，C-D 戦略は処理するが委託はせずに不法投棄をする戦略，D-C 戦略は処理しないが委託はする戦略，D-D 戦略は処理もせず委託もせずに不法投棄をする戦略とする．最終処理への委託費用は，産廃を処理したものか未処理のものかで変わるとし，処理したものを委託する場合の委託費用は x_2 円，未処理で委託する場合は x_2' 円とする．未処理のほうが委託費用は高いと仮定するが，最終処理としてはこの2つを区別できない場合もあり，その場合は $x_2 = x_2'$ となる．また，C-D 戦略による不法投棄のための環境負荷は rg_1 であり，$g_0 \geqq g_1$ とする．これは産廃を処理した後の不法投棄で，環境負荷が処理をする前と同じか低くなっているためである．D-D 戦略による不法投棄のための環境負荷は，rg_0 である．これは産廃を処理していないため，環境負荷が処理をする前と同じであるためである．

最終処理は，中間処理から委託されるので，委託費用 x_2 円あるいは x_2' 円を利益として受け取る．そして，自分の土地に適正に産廃を埋め立てる場合と不法投棄をする場合があり，それぞれを協力戦略と非協力戦略と呼ぶ．そして，処理済みの産廃の適正処理費用

を c_t 円，未処理済みの産廃の適正処理を施す費用を c'_t 円とする．未処理のほうが費用がかかるため，$c'_t \geqq c_t$ とする．不法投棄する場合の環境負荷は未処理であれば g_0，処理済みであれば g_1 とする．

　さて，それぞれの業者が利得の高いほうの挙動を取りやすくなることを表現するために，レプリケータ方程式を用い集団を想定し，そこで利得の高い個体は，集団内の他の個体から挙動を採用されやすいとする．その結果，利得の高い行動をとるプレイヤーがその集団の中で頻度を増やしていく．

　ここでは，排出事業者，中間処理，最終処理の3つの立場があり，それぞれが自らにとって望ましい行動をとるようになることを表そうとしている．もちろんそれぞれの集団には，協力者や非協力者が混ざっている．中間処理については，C-C，C-D，D-C，D-D の4つのタイプが混ざっていることになる．よって，進化ゲームモデルでは3つの集団を想定しないといけない．つまり，1つ目の集団は排出事業者のみの集団，2つ目は中間処理のみの集団，3つ目は最終処理のみの集団とする（**図7.4**）．そして，排出事業者は，協力的な排出事業者（協力戦略をとる排出事業者）と非協力的な排出事業者（非協力戦略をとる排出事業者）の2種類からなる．排出事業者の集団中での協力的な排出事業者の割合を u_1，非協力的な排出事業者の割合を $u_2 = 1 - u_1$ とする．中間処理のみの集団には4種類の中間処理がいるとする．C-C 戦略の中間処理，C-D 戦略の中間処理，D-C 戦略の中間処理，D-D 戦略の中間処理である．それぞれの中間処理集団での頻度は z_1, z_2, z_3, z_4 とし，$z_1 + z_2 + z_3 + z_4 = 1$ である．中間処理の戦略を，戦略 i と表すとすると，$i = 1$ が C-C 戦略，$i = 2$ が C-D 戦略，$i = 3$ が D-C 戦略，$i = 4$ が D-D 戦略とする．最終処理集団中の協力戦略の割合は v_1，非協力戦略の割合は $v_2 = 1 - v_1$ とする．

120

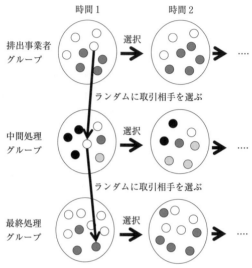

図7.4 3者間レプリケータ方程式のイメージ

　そして，排出事業者集団からランダムに1事業者（1人のプレイヤー）を選び，その事業者は中間処理集団からランダムに1業者（1人のプレイヤー）を選ぶ．各戦略に従って取引をおこなう．次に，その中間処理は最終処理集団からランダムに1業者（1人のプレイヤー）を選び，各戦略に従って取引をおこなう．図7.4にそれを示している．同じペアで繰り返して相互作用する状況は考えず，一度きりしか出会わないと仮定する．また，集団の中で利得が高い業者ほど，同じ集団の他のプレイヤーから戦略を真似されやすいとする（選択が起こる）．なぜなら，業者は利得が高くなるように行動するからである．するとこれは，進化ゲーム理論でおなじみの雌と雄との非対称ゲームのレプリケータ方程式を拡張した式で表現が可能となる（Box 2参照）．つまり，排出事業者と中間処理の非対称ゲームと中間処理と最終処理の非対称ゲームを同時におこ

なっている状況になっている. そして, 排出事業者の被る環境負荷
は, 中間処理と最終処理の戦略に依存する構造になっている. その
ため, レプリケータ方程式は多少複雑になり, 協力的な排出事業者
に関するレプリケータ方程式に加え, 中間処理や協力的な最終処理
のレプリケータ方程式も立てる必要がある. 式や利得表については
Nakamaru et al.(2018) を参照してほしい.

7.4　基本モデルへのレプリケータ方程式適用

　合計5つのレプリケータ方程式を解析することになる. 平衡点を
計算し, その局所安定性を解析する. 平衡点は7つに絞られ, 次の
ようになる.

$$(u_1, z_1, z_2, z_3, v_1)$$
$$= (1, 1, 0, 0, 1), (1, 0, 0, 1, 1), (0, *, *, *, *), (1, 0, 1, 0, *),$$
$$(1, 0, 0, 0, *), (1, 0, 0, 1, 0), (1, 1, 0, 0, 0)$$

「*」は0から1の間であればどの値でも構わない. また, わかりや
すく平衡点を記述するため, $u_1 = 1$ を C, $u_1 = 0$ を D, $z_1 = 1$ を
C-C, $z_2 = 1$ を C-D, $z_3 = 1$ を D-C, $v_1 = 1$ を C, $v_1 = 0$ を D とす
る. たとえば, $(u_1, z_1, z_2, z_3, v_1) = (1, 1, 0, 0, 1)$ は (C, C-C, C)
となる.

　それぞれの平衡点を説明しよう (**表7.1**). (C, C-C, C) は, 排出
事業者が協力的に振る舞い, 戦略 C-C の中間処理へ委託し, そし
て協力的な最終処理へ委託することを示す. つまり, 産廃をきちん
と処理できて, 不法投棄は起こらず, 環境汚染も防ぐことができる
状況である.

　(C, D-C, C) は, 排出事業者が協力的に振る舞い, 戦略 D-C の中
間処理へ委託し, 協力的な最終処理へ委託することを示す. 中間処

表7.1 平衡点7つとその意味

平衡点	各業者の戦略			意味
$(u_1, z_1, z_2, z_3, v_1)$	排出事業者	中間処理業者	最終処理業者	
$(1, 1, 0, 0, 1)$	C	C-C	C	分業における
$(1, 0, 0, 1, 1)$	C	D-C	C	協力
$(0, *, *, *, *)$	D	*	*	排出事業者の 不法投棄
$(1, 0, 1, 0, *)$	C	C-D	*	中間処理業者
$(1, 0, 0, 0, *)$	C	D-D	*	の不法投棄
$(1, 0, 0, 1, 0)$	C	D-C	D	最終処理業者
$(1, 1, 0, 0, 0)$	C	C-C	D	の不法投棄

理が処理を怠るとはいえ,産廃を処理できて,不法投棄は起こら ず,環境汚染も防ぐことができる状況である.

(D, *, *)は,排出事業者が不法投棄をおこなう.他の業者への 委託はないため,どんな戦略であっても利得は変わらない.

(C, C-D, *)は,排出事業者は協力的だが,中間処理が産廃の処 理はするものの,不法投棄をする状況になる.最終処理との取引は なく,最終処理はどんな戦略であっても利得は変わらない.中間処 理が産廃の処理はするため,処理をしない時に比べて環境負荷は低 減する.

(C, D-D, *)は,排出事業者は協力的だが,中間処理は産廃の処 理をせずに不法投棄する.最終処理との取引はなく,最終処理はど んな戦略であっても利得は変わらない.環境負荷は高い.

(C, D-C, D)は,排出事業者が協力的に振る舞い,戦略 D-C の中 間処理へ委託し,非協力的な最終処理へ委託することを示す.つま り,中間処理が処理を怠り,最終処理が不法投棄をするため,環境 負荷は高い.

表7.2　基本モデル，当事者責任システム，排出事業者責任システムにおける，各平衡点の安定性

平衡点 (u, z_1, z_2, z_3, v) $=$ (G, ITF, LS)	基本モデル	当事者責任システム	排出事業者責任 システム
$(1, 1, 0, 0, 1)$ $=$ (C, C-C, C)	安定/不安定	安定/不安定 罰金 (df) が安定性を促進	安定/不安定 管理票が安定性を促進
$(1, 0, 0, 1, 1)$ $=$ (C, D-C, C)	安定/不安定	安定/不安定 罰金 (df) が安定性を促進	安定/不安定 管理票が安定性を促進
$(0, *, *, *, *)$ $=$ (D, *, *)	安定/不安定	安定/不安定 罰金 (df) が不安定性を促進	安定/不安定 管理票が不安定性を促進
$(1, 0, 1, 0, *)$ $=$ (C, C-D, *)	安定/不安定	安定/不安定	安定/不安定
$(1, 0, 0, 0, *)$ $=$ (C, D-D, *)	不安定	安定/不安定	安定/不安定
$(1, 0, 0, 1, 0)$ $=$ (C, D-C, D)	不安定	安定/不安定	不安定
$(1, 1, 0, 0, 0)$ $=$ (C, C-C, D)	不安定	安定/不安定	不安定

(C, C-C, D) は，排出事業者が協力的に振る舞い，戦略 C-C の中間処理へ委託するが，最終処理が不法投棄することを示す．つまり，最後に不法投棄が生じるが，途中で産廃の処理をしているため，環境への負荷は低い．

なお，排出事業者の2つの戦略が共存したり，中間処理の2つ以上の戦略が共存したり，最終処理の2つの戦略が共存するような平衡点は安定ではなかった．

次にこれらの7つの局所安定性について調べた．まとめると**表7.2**左列のようになる．表7.2の上から4つの平衡点である (C, C-C,C)，(C, D-C, C)，(D, *, *)，(C, C-D, *) はパラメータ値によって，安定になったり不安定になったりする．下の3つの平衡点であ

る (C, D-D, *), (C, D-C, D), (C, C-C, D) は, パラメータ値によ
らず常に不安定である. これは, 最終処理による不法投棄が起こら
ないことや, 産廃は処理せずに不法投棄をする中間処理はいないこ
とを示す.

では, 罰則を加えた時はどうなるのだろうか？ 先に紹介した 2
つのタイプの罰則をそれぞれ加えた時に, 基本モデルとどの程度異
なるのだろうか. つまり罰則がかえって不法投棄を促進することが
あるのか, それとも抑制することがあるのかを調べてみよう.

7.5 当事者責任システムの結果

当事者責任システムの場合, 不法投棄を監視および発見し, 誰が
不法投棄したのかを特定すると, 不法投棄した事業者は罰金を支払
う. 不法投棄発見および不法投棄者特定確率を d, 罰金を f とす
る. すると, 各業者間の取引結果の利得表は基本モデルを変更した
ものになる. 利得表に興味があれば, Nakamaru et al.(2018) を参
照してほしい. この利得表をそのまま先ほどのレプリケータ方程式
へ代入して平衡点を計算すると, 平衡点は基本モデルと全く同じに
なった.

各平衡点の局所安定性について表 7.2 の 3 列目にまとめている.
基本モデルとの違いは, 下の 3 つの平衡点である (C, D-D, *), (C,
D-C, D), (C, C-C, D) が, パラメータ値に依存して安定になった
り不安定になったりする点である. つまり, 最終処理による不法投
棄が生じるようになったり, 産廃は処理せずに不法投棄をする中間
処理がいるようになったりする. 基本モデルと比べて, 罰則のため
に中間処理や最終処理が不法投棄をしやすくなるのである.

この結果からは, 当事者責任システムという罰則によって不法投
棄が生じやすくなるといえそうである.

一方，上の 4 つの平衡点である (C, C-C,C)，(C, D-C, C)，(D, *, *)，(C, C-D, *) は，基本モデルと同様に，パラメータ値によって安定になったり不安定になったりする．ところが，罰金に関するパラメータである df のおかげで，分業における協力を示す (C, C-C,C)，(C, D-C, C) は安定になりやすくなり，排出事業者による不法投棄を示す (D, *, *) は不安定になりやすくなっている．つまり，監視および罰金のおかげで，分業における協力が達成しやすくなり，排出事業者による不法投棄が生じにくくなっているのだ.

7.6 排出事業者責任システムの結果

次に，排出事業者責任システムの効果，つまり管理票の効果についてみてみよう．排出事業者が管理票を提出できない時に課される罰金を f_1 とする.

排出事業者が管理票を地方公共団体へ戻すことができない時は，以下のような時である．まず，排出事業者が不法投棄をした時である．中間処理が不法投棄をした時も管理票は戻ってこないが，嘘を記載した管理票を排出事業者へ戻すことは可能である．最終処理が不法投棄をした時も管理票は戻らない．しかし，嘘を記載した管理票を中間処理へ戻すことは可能である．また，協力的な中間処理あるいは最終処理が管理票を戻し忘れてしまう確率も考える．協力的な排出事業者が管理票を出し忘れることはないとする.

これらを踏まえて，協力的な排出事業者が地方公共団体へ管理票を戻せない確率を計算できる.

排出事業者責任システムの利得表に興味があれば Nakamaru et al. (2018) を参照してほしい．この利得表をレプリケータ方程式に代入し，平衡点を求めたところ，基本モデルと同様に平衡点は表7.1 の 7 つとなった．また，局所安定性解析もおこなった．結果は

表7.2の一番右の列となる.

まずは基本モデルの結果との比較をしよう. 排出事業者責任システムでは最終処理の不法投棄は不安定になる, つまり不法投棄はしないことになる. これは基本モデルと同じである. しかし, (C, D-D, *) はパラメータによって安定にも不安定にもなる. これは基本モデルに比べて中間処理による不法投棄が起こりやすいという結果になる. 一方, 上の4つの平衡点である (C, C-C,C), (C, D-C, C), (D, *, *), (C, C-D, *) は, 基本モデルと同様にパラメータ値によって, 安定になったり不安定になる. しかし, 管理票の罰金に関するパラメータのおかげで, 分業における協力を示す (C, C-C,C), (C, D-C, C) は安定になりやすくなり, 排出事業者による不法投棄を示す (D, *, *) は不安定になりやすくなっている. つまり管理票のおかげで, 分業における協力が達成しやすくなり, 排出事業者による不法投棄が生じにくくなっているのだ.

7.7 3つのモデルの比較と現実との比較

では, 基本モデルと罰則システムを加えた2つのモデルを比較してみよう. 当事者責任システムは監視と罰の期待値である df の影響で, 基本モデルと比べて, (C, C-C, C) と (C, D-C, C) のような分業における協力が達成しやすくなっている. また, 罰の期待値である df の影響で, 排出事業者が不法投棄をする (D, *, *) になりにくくなっている. しかし, 産廃の発見および不法投棄者を特定できる確率は非常に低いため, 仮に罰金 f が高い値であっても df という値は他のパラメータ値に比べて相対的に低い可能性がある. そう考えると, df を無視でき, 基本モデルと当事者責任システムは同じ結果となる. 罰則の影響がなくなるのだ.

排出事業者責任システムでは, 管理票導入の影響で協力が達成さ

れやすくなっており，排出事業者の不法投棄も起こりにくくなっている．他のパラメータと比較して罰の影響が相対的に低くなることはない．また，基本モデルと同様，最終処理の不法投棄は起こらないようになる．基本モデルとの違いは，中間処理が未処理の産廃を不法投棄するようになることだ．この点においては，パラメータの値によっては，管理票の導入によって不法投棄が生じやすくなっているとも解釈できる．

　つまり，現行犯で不法投棄を罰するようなやり方では，罰がない時と同じになる．しかし，管理票は罰として有効になり，分業における協力を促進するだけではなく，排出事業者による不法投棄も抑制するのだ．

　また排出事業者責任システムでは，$(C, C\text{-}C, C)$ と $(0, *, *)$ 以外にも $(C, D\text{-}C, C)$，$(C, C\text{-}D, *)$，$(C, D\text{-}D, *)$ の平衡点が安定になる．このうち 2 つの平衡状態は現実と対応しているという．$(C, D\text{-}C, C)$ について現実と比較をしてみよう．中間処理は産廃を未処理のままで最終処理へ委託するということであるが，これは北海道でみられるようである．なぜなら，北海道は土地の価格が低いために最終処理は安価な投資で埋め立て用の場所を確保できる．すると，未処理の産廃を中間処理から受け取って埋め立てをすることも可能となるためである．

　$(C, C\text{-}D, *)$ は，中間処理が産廃を処理したにもかかわらず，不法投棄をすることである．不法投棄するならば処理をおこなうのはナンセンスな印象である．しかし，東京都心のように土地が非常に高額の地域では，最終処理が埋め立て用の場所を確保することは難しく産廃を引き受けることができずに中間処理は結果的に不法投棄となってしまうようである．

　環境庁の 2015 年のデータによると，排出事業者の不法投棄が 5〜

6割を占めているという．このモデルでも，排出事業者の不法投棄は生じやすく，基本モデルと排出事業者責任システムにおいては最終処理の不法投棄は起こらないという結果である．現実には，最終処理による不法投棄がないわけではないが，排出事業者の不法投棄と比べて少ないという．今回のモデルは現実をそれなりに表現できているといえるだろう．

7.8 不法投棄件数の推移データをモデルで説明できるか？

この研究の発端は北梶・大沼 (2014) のゲーミング実験であった．そこで，ゲーミング実験で用いたパラメータ値を数理モデルへ代入し，どのような挙動となるのか調べてみよう．基本モデルおよび2種類の罰則システムで，排出事業者が不法投棄するという平衡点である $(D, *, *)$ が安定となり，他の平衡点は不安定となった．このモデル研究からいえることは，北梶・大沼 (2014) の設定では，そもそも排出事業者が不法投棄をするということになる．

d と f 以外のパラメータは，北梶・大沼 (2014) で用いたものを使った．すると分業において協力が達成する状況，つまり $(C, C\text{-}C, C)$ が安定な平衡点となる条件は，$df > 20$ となる．このような発見・特定確率 d と罰金 f の組み合わせであれば，当事者責任システムにおいて協力を導きやすくなるだろう．

排出事業者責任システムについても考察してみよう．r というパラメータは，環境負荷に対して行政が関係者に課す費用であり，行政で決められる値である．また，石渡 (2002) によると，排出事業者から中間処理への委託金 x_1 は，中間処理の最終処理への委託金 x_2 に比べて非常に高い金額である．そこで，r と x_1 がどのような値の時に，$(C, C\text{-}C, C)$ が安定平衡点になるのかを調べてみたところ，$r > 0.4$，$400r < x_1 < 400r + f_1 p_2$ であった．この条件を満たすパラ

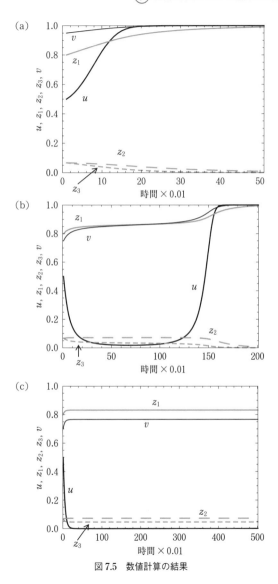

図 7.5　数値計算の結果

メータで，レプリケータ方程式の数値計算をおこなった（**図 7.5**）．図 7.5a–c はすべて同じパラメータを使っているが，初期における各戦略の頻度が異なるため，最終的な収束値が異なっていることを示す．図 7.5a では $(u_1, z_1, z_2, z_3, v_1) = (0.5, 0.8, 0.066, 0.066, 0.95)$ で，最終処理における協力的なプレイヤーが多いとして数値計算をしている．すると，$(u_1, z_1, z_2, z_3, v_1) = (1, 1, 0, 0, 1)$，つまり (C, C-C, C) へ収束している．図 7.5b では $(u_1, z_1, z_2, z_3, v_1) = (0.5, 0.8, 0.066, 0.066, 0.75)$ で，最終処理における協力的なプレイヤーが多めであるとして数値計算をしたところ，一旦は，協力的な排出事業者の頻度が減るが，時間が経つと持ち直して，協力的な排出事業者ばかりになる．つまり，(C, C-C, C) へ収束する．図 7.5c では $(u_1, z_1, z_2, z_3, v_1) = (0.5, 0.8, 0.066, 0.066, 0.7)$ とし，最終処理における協力的なプレイヤーを少し減らして数値計算をしたところ，非協力的な排出事業者ばかりになる．つまり，(D, ∗, ∗) へ収束する．この結果より，初期値によって結果が変わることがわかった．

また図 7.5b のように，排出事業者責任システム（管理票）において排出事業者による不法投棄が一度増えるが，最終的には減少してなくなるというような現象も説明できる．図 7.3 の環境庁による各年の不法投棄量や件数をみると，不法投棄が一度増えて，また減るということが生じており，現実のデータをこのモデルはうまく表したことになる．

7.9 線型的な分業の一般化

このように，日本の産業廃棄物処理工程における罰則システムの有効性について，進化ゲーム理論を用い検証した．単に具体的事例を進化ゲーム理論に落とし込んだというだけではない．処理工程が

線型の分業構造になっていることに着目し，線形における分業の協力の進化についての研究となった．線形の分業における協力の問題点は，自分では協力的なプレイヤーを選べないという点である．2者間のゲームであれば，相手の評判や過去の履歴を参照し，その人が協力者かどうかを判断して，手番を選ぶことができる．あるいは非協力者と判断すれば，ゲームをしないということも可能である．2つの分業であれば，他業種で協力的なプレイヤーを選ぶこともできる．しかし，3つ以上の分業になると，自分が選んだわけではないプレイヤーからの影響を受けてしまう．ここが線形につながった分業における協力の進化の要となる．

　役割分担の関係性が一直線的というシステムは他にもある．たとえば，伝統工芸の着物や仏壇づくりの工程も，様々な技能をもつ職人が関係して，それぞれをつくり上げる．車の組み立ても基本的にこのような分業となっている．一直線的と，「的」としたのは，詳しいネットワークをみると傍線があったりなど，今回のモデルのように完全に直線の関係というわけではないためである．線形以外のネットワーク構造と分業の関係についても今後の研究課題としたい．

⑧

嘘の噂と信用

8.1 嘘と噂とは

前章までで，プレイヤーの評判をもとにしてグループをつくったり，グループメンバーを選んだり，評判をもとにして助けるかどうかを判断したりするような枠組みでの研究を紹介した．前章までの仮定では，評判を直接観察できるような状況であった．認識に間違いが生じなければ，評判は基本的には正しいものとしていた．これらの間接互恵性のモデルの解釈としては，噂は短い時間で社会の全員に流れて知れ渡るような状況を想定している．この時，小さな確率で勘違いが生じることは考慮されている．しかし，人が時に意図的に間違った評判を流すことは考えられていない．

他の生物と人間の大きな違いとして，人間では言語能力が非常に発達している点がある．賛否両論あるが，言語能力は進化の産物であると考えるのは妥当であろう．その能力や序章でも取り上げた三項関係を認識する能力のおかげで，人は噂を他人に伝えることがで

きる．同時に，意図的に嘘の噂を流すことも可能になる．もし評判
が噂として流れていて，それが嘘であったらどうなるだろう？　A
さんは非協力的であるものの，見た感じは良いため，「A さんは良
い人だ」という嘘の噂が流れていたらどうなるだろうか．その噂を
信じてしまうと，A さんは良い人ということで A さんに対して協
力的に振る舞ってしまうだろう．A さんは協力者ではないため得を
して，嘘に騙されてしまったプレイヤーは協力し損になる．このよ
うに，嘘を信じてしまうと非協力者が得をする状況となり，協力が
進化しにくくなるだろう．そこで第 8 章では，嘘が存在する状況で
協力が進化する条件を探った研究を紹介する．なお，社会科学や心
理学においても，噂に関する研究がおこなわれている．**Box 10** で
はそれを紹介するとともに，本章で紹介する研究の位置付けも説明
する．

Box 10　噂の研究

　川上 (1997) によると，噂は 3 種類に分けられる．流言，都市伝説，
そして他人の噂（ゴシップ）である．

　流言とは社会情報としての噂であり，不特定多数の人々の間を流れ
る．1973 年に起こった「豊川信用金庫取り付け騒ぎ」が流言として有
名である（川上，1997）．これは愛知県豊川市に住む高校生 3 人の他
愛もない会話が発端で，豊川信用金庫が倒産するという噂が広がり，
豊川信用金庫から 5 日間で約 20 億円が引き出された．1973 年 10 月
末の「トイレットペーパー・パニック」をご存知だろうか．オイルシ
ョックの時にトイレットペーパーがなくなるという不安に掻き立てら
れ，関西のある地域のスーパーマーケットで行列ができた．それを新
聞やテレビが報道したためにパニックが全国で広がったという（松田，
2014）．2011 年 3 月の東日本大震災後の買いだめ騒動も 2020 年新型
コロナウイルス流行時の買いだめ騒動もこれに似た流言である．これ

はパニック行動でもある．

　都市伝説とは，たとえば小学生の時に一度は耳にした「トイレの花子さん」や「口裂け女」のような怪談話である．これは楽しみとしての噂として分類されている．「海外旅行に行った若い女性が洋服屋で試着室に入った．その女性は試着室の秘密の扉から連れて行かれ，手足を切られて見世物となっていた」という都市伝説を聞いたことがあるかもしれない．フランスではこの都市伝説は社会問題にまで発展しかけたという (Morin, 1969)．

　3つ目の他人の噂，つまりゴシップは，職場や学校，地域コミュニティーなどで交換され，ある程度親しい人々の間で流れるという．ゴシップには，情報伝達機能，社会的制裁としての機能，人について語るエンターテインメントとしての機能がある（川上，1997）．情報伝達機能は仲間の考え方を知るというようなことを指し，社会的制裁としての機能は社会規範からの逸脱者に対してゴシップを流すというようなことを指す．それによって社会規範の再確認をおこなったり，ゴシップを通して新たな社会規範が形成されたりすることもある．

　進化論的観点から研究が進んでいるものは，噂の3分類のうち他人の噂（ゴシップ）に関するものである (e.g. Giardini and Wittek, 2019)．ダンバー (2004) によると，霊長類では毛づくろいによってお互いの信頼関係を構築するが，結束可能な集団サイズは約80個体という．人間の場合は150人にあたり，これは6.5節で説明したダンバー数である．人間社会においてこのような大きな社会グループを結束させるために，言語が進化したとダンバーは論じている (Dunber, 2004)．社会グループの結束のために進化した言語は，副次的に次の4つのように使われているという (Dunber, 2004)．1つ目は意見を求めたり架空の状況を話し合う時に使い，2つ目は集団で同意されたことを遵守しなかった時の制裁機能として使い，3つ目は自分自身を宣伝するために使い，4つ目は他人を騙すために使う．

　第8章で紹介する研究は，Dunber (2004) の言語の4つの副次的な用法のうちの2〜4つ目にあたる，制裁機能，自己宣伝機能，騙しや嘘

を捉えたものになる.

8.2　Seki and Nakamaru のモデル

　協力の進化における嘘として，まずは，自分は非協力者であるの
に自分のことを良い人だという嘘を流すというものがある.

　自分に関する嘘の噂だけではなく他人に関する嘘の噂もある. 協
力者に対してわざと「この人は悪い人だ」という噂を流す場合や，
逆に非協力者に対して「この人は良い人だ」と噂を流す場合もあ
る. あるいは人を評価する時の判断基準によっては，正しくない噂
が流れてしまうだろう. これは嘘と捉えることもできる.

　このように嘘といっても様々な種類が存在する. Nakamaru and
Kawata (2004) のエージェントベースモデルによる研究では，自
分は非協力者であるにもかかわらず自分のことを良い人だという
嘘に着目した. Seki and Nakamaru (2016) では Nakamaru and
Kawata (2004) のモデルを単純化し，様々な嘘の効果を調べた. そ
して，数理的な考え方を用いて「嘘の分類」が可能になった.

8.2.1　モデルの概要

　まずは簡単にこのモデルの概要を説明しよう. 2者間でギビング
ゲームをする場面（ギビングゲームセッション）と，2者間で噂を
流す場面（ゴシップセッション）を考える. ギビングゲームでは，
自分の得た噂や自分のギビングゲームセッションでの経験をもと
に，ギビングゲームをおこなう相手に協力をするかどうかを自分の
判断で決めていく. そしてギビングゲームは相手が協力したか非協
力だったかを知る機会となっている. ゴシップセッションでは，ギ
ビングゲームセッションで得た情報をもとに自分の判断を加えて他

人の噂を第三者へ伝えていく．この時の判断が偏っている場合も考えることができる．自分でつくった噂を第三者に流す，つまり嘘を流すことも可能である．

モデルでの1単位時間はギビングゲームセッションとゴシップセッションからなる．ギビングゲームセッションでは，n人集団からランダムに2人のプレイヤーを選び，一方を提供者，もう一方を受領者としてゲームをおこなう．これが終わった後，別の2人をランダムに選び，同じようにギビングゲームをおこなう．これをg回繰り返す．g回終わると，次はゴシップセッションとなる．ゴシップセッションでも，ランダムに2人のプレイヤーを選び，一方を噂の話し手，もう一方を聞き手とする．話し手は聞き手に，ある人に関する噂を話すとする．つまり三項関係の認識のもとで噂をしている．この2者間の噂伝達が終わったら，別の2人をランダムに選んで同じように噂伝達をおこなう．これをr回繰り返す．gとrの回数を変えることで，噂を流す速さを調整する．

T単位時間経過後，各プレイヤーのギビングゲームによる利得を計算する．そして，利得の高いプレイヤーの戦略を真似する確率が高くなると仮定する．これを繰り返し，集団中の戦略の頻度が収束するまで計算をする．

8.2.2 P-スコアの定義

では，この研究の肝になるP-スコアの定義を説明しよう．プレイヤーAのプレイヤーBに関するP-スコアをs_{AB}とする．世代の初めは，すべてのプレイヤーのP-スコアは0とする（つまり，$s_{AB} = 0$）．ギビングゲームセッションで，プレイヤーiが提供者，プレイヤーjが受領者とする．プレイヤーiがプレイヤーjに対して協力をすると，プレイヤーjのプレイヤーiに関するP-スコア

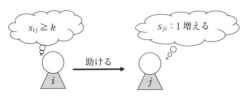

図8.1　ギビングゲームセッション

である s_{ji} は，1ポイント分増える（**図8.1**）．プレイヤー i がプレイヤー j に対して協力をしないと，プレイヤー j のプレイヤー i に関する P-スコアである s_{ji} は，1ポイント分減る．

　次にゴシップセッションにおいて，プレイヤー i が話し手でプレイヤー j が聞き手の時，プレイヤー i からプレイヤー A に関するゴシップを聞いたとする．プレイヤー i が「プレイヤー A は良い人だ」と話すと，聞き手のプレイヤー j はプレイヤー A に関する P-スコア s_{jA} を ρ 増やす（$\rho \geqq 0$）（**図8.2**）．「プレイヤー A は悪い人だ」という話を聞くと，P-スコアである s_{jA} は ρ 減る（図8.2）．ゴシップを何も受け取らなかった時は，P-スコアは変化しない．

　つまり P-スコアとは，ある特定の人に対して過去にどのくらい協力をしたのかを示す指標に加えて，ある特定の人に関して良いゴシップや悪いゴシップがどのくらいあったのかを示す指標になっている．

　実際の自分の経験と他者からのゴシップのどちらにより重みを置くかはプレイヤーごとに異なるだろう．全くゴシップを考慮しないプレイヤーであれば，$\rho = 0$ となる．自分の経験（つまり，ギビングゲームからの経験）のほうをゴシップよりも重み付けるプレイヤーであれば，$0 < \rho < 1$ となる．経験とゴシップを同じように重み付けする場合は，$\rho = 1$ となる．

　プレイヤー i のプレイヤー j に関する P-スコア s_{ij} が高いほど，

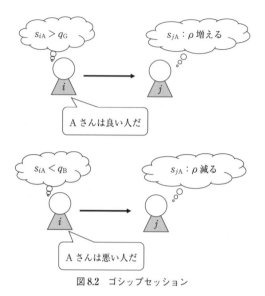

図8.2　ゴシップセッション

プレイヤー i はプレイヤー j に対して協力することになり，また，プレイヤー j に関する良い評判をゴシップとしてプレイヤー i は受け取ったことを示す．逆に，P-スコアが負の低い値であるほど，協力をせず，かつ，悪い評判をゴシップとして受け取ったことを示す．なお，P-スコアの値は -5〜$+5$ とする．

8.2.3　ギビングゲームセッション

　ギビングゲームセッションでは集団からランダムに2人を選び，提供者と受領者とする．提供者は受領者の評判である P-スコアをみて，コスト c をかけてまで受領者に利益 b を提供するかどうかを決める．

　例をもとに説明をしよう．プレイヤー i を提供者，プレイヤー j を受領者とし，プレイヤー i の協力の基準値を k_i，プレイヤー i の

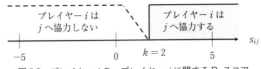

図 8.3 プレイヤー i の，プレイヤー j に関する P-スコア

プレイヤー j に関する P-スコアを s_{ij} としよう．$s_{ij} \geq k_i$ であれば，プレイヤー i としては，「プレイヤー j は自分の基準値以上の評判であり，プレイヤー j の評判は良い．プレイヤー j を助けよう」と判断して，プレイヤー j に協力をする（**図 8.3**）．その結果，プレイヤー i の利益は $-c$，プレイヤー j の利益は b となる．$s_{ij} < k_i$ であれば，プレイヤー i としては，「プレイヤー j は自分の基準値未満の評判であるので，プレイヤー j の評判は悪い．プレイヤー j は助けない」と判断して，プレイヤー j に協力をしない．その結果，2人の利益は 0 である．

プレイヤーの k 値が高いほど，相当良い評判（高 P-スコア）の相手にしか協力をしない不寛容な戦略となる．仮に k の値を 6 とすると，P-スコアの最大値が 5 と設定してあるので，誰に対しても常に非協力的な AllD 戦略になる．一方，k が -6 であると，どんな P-スコアの相手にも協力をすることになるため，常に誰にでも協力をする AllC 戦略となる．$k = 0$ であれば，中立で公平であるのでフェア戦略と呼ぶ．

これで 1 回目が終わる．2 回目は集団からまた 2 人をランダムに選び，ギビングゲームをおこなう．これを r 回目まで繰り返す．

P-スコアは，第 1 章で紹介したイメージスコアを参考にして設定した（Nowak and Sigmund, 1998）．この研究と異なる点としては，Nowak and Sigmund（1998）では全員が同じ評判を共有しておりプレイヤー j に関する評判しかなく，プレイヤーごとにもっている評判が同じである点である．Seki and Nakamaru（2016）では，ある

人に対する評判が個人で異なる仮定にしている.

8.2.4　ゴシップセッション

ゴシップセッションでは,集団からランダムに2人を選び,一方を話し手,一方を聞き手とする.話す人は,ある人(Aさんとする)に関するゴシップを聞き手に伝えるとする.この時,話し手の基準をもとにして,「Aさんは良い人」というゴシップを流す,「Aさんは悪い人」というゴシップを流す,あるいはAさんに関してゴシップを流さないの3つの中から1つを選ぶとする.

ではモデル上でどのようにして判断してこれらの選択をしているのか説明しよう.話す人をプレイヤーi,噂の対象となる人をAとする.プレイヤーiのAさんに関するP-スコアであるs_{iA}の値をもとにする.プレイヤーiにはゴシップの基準値として,q_Gとq_Bがある.$s_{iA} > q_G$であると,プレイヤーiは自分の良いゴシップの基準値よりもP-スコアの高いAさんを良い人と判断し,「Aさんが良い人」というゴシップを聞き手のjさんに伝える(**図8.4a**).$s_{iA} < q_B$である,つまりプレイヤーiは自分の悪いゴシップの基準値よりもP-スコアが低いAさんを悪い人と判断すると,「Aさんは悪い人」というゴシップを聞き手のプレイヤーjに流す(図8.4a).$q_G \geqq s_{iA} \geqq q_B$の時は,良くも悪くも判断しないため,聞き手にはゴシップを流さない(図8.4a).

良いゴシップの基準値q_Gが高いほど,良いゴシップを流しにくいタイプとなる.q_Gが低いと,どのプレイヤーに対しても「良い人だ」というゴシップを立てることになる.同様に,悪いゴシップの基準値q_Bが低いほど,悪いゴシップを流しにくいプレイヤーとなる.q_Bが高いと,どんな人のことも「悪い人だ」というゴシップを立てるプレイヤーになる.ただし,$q_G \geqq q_B$とする.q_Bのほう

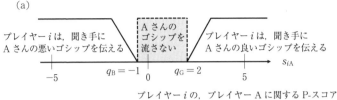

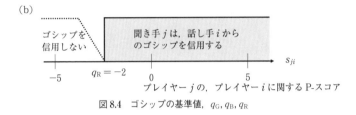

図8.4　ゴシップの基準値，q_G, q_B, q_R

が q_G より高い値となると，良いゴシップと悪いゴシップの両方を流す状況となり，支離滅裂となるためである．

　話し手であるプレイヤー i は，聞き手であるプレイヤー j に，A さんだけではなく他のプレイヤーに関するゴシップも同様の方法で流すとする．話し手である i さんが自分自身の噂を流すかどうかは，パラメータ a で決まる．$a = 0$ であれば，自分自身の噂は流さない．$a = 1$ では自分自身の良い噂を流すとする．日本人は謙遜のため自分自身を悪くいう傾向にある．これは，謙遜であることを周囲が理解していて，謙遜すると良いと判断されるという共通認識のもとでおこなわれているが，今回の研究ではこのようなことは考慮しない，つまり自分のことを悪くいう戦略は仮定しないとする．

　上述では，プレイヤー i からのゴシップはすべて信じているという仮定であった．しかし，プレイヤー j はプレイヤー i からのゴシップを信じない場合もある．ゴシップを信じるかどうかの基準値 q_R を考える．$s_{ji} \geqq q_R$ であれば聞き手 j は話し手 i のゴシップは信

じるが，$s_{ji} < q_R$ であれば聞き手 j は話し手 i のゴシップは信じないとする（図 8.4b）．$q_R = -5$ であれば，誰からのゴシップでも信用することになる．

8.2.5　戦略と嘘の定義

前節から，k や q_G，q_B，a の値により戦略が変わることがわかる．また，k と q_G や q_B の大小関係によっても戦略が変わる．q_R の値によってゴシップを信じる基準が決まり，ρ によって経験に対するゴシップの重み付けが決まる．各プレイヤーは戦略セットとして $(k, q_G, q_B, \rho, a, q_R)$ をもつとし，この戦略セットは進化形質とする．

まず，公平なゴシップを流す fair gossiper 戦略を考えた（$q_G = q_B = 0$）．たとえば，「A さんは良い人だ」という噂を立てつつ，ギビングゲームでは A さんに協力をしない（非協力）という戦略（$k > 0$）も可能である（**図 8.5**）．このような時に，協力的な戦略（$k \leq 0$）（図 8.5）は進化するかどうかをみることにした．また，「自分は良い人だ」という噂を流す戦略も仮定した．非協力（$k > 0$）であれば嘘の噂になる．

他にも様々な嘘を仮定した．嘘のゴシップに関する戦略を紹介しよう（**図 8.6**）．まずは常に非協力である戦略をもとに，嘘つき戦略を 3 つ仮定した．pure self-advertising ALLD 戦略，ALLB-ALLD

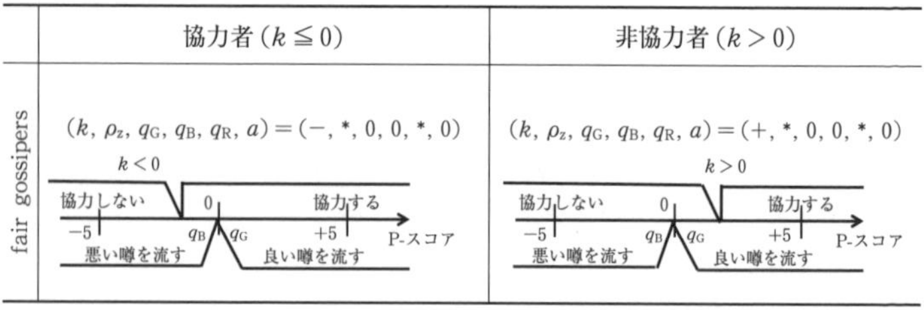

	協力者（$k \leqq 0$）	非協力者（$k > 0$）
fair gossipers	$(k, \rho_z, q_G, q_B, q_R, a) = (-, *, 0, 0, *, 0)$ $k < 0$ 協力しない　0　協力する -5　　　　　　　　q_G　　　$+5$　P-スコア 悪い噂を流す　　　q_B 　　　　　良い噂を流す	$(k, \rho_z, q_G, q_B, q_R, a) = (+, *, 0, 0, *, 0)$ $k > 0$ 協力しない　0　協力する -5　　　q_B　q_G　　　$+5$　P-スコア 悪い噂を流す 　　　良い噂を流す

図 8.5　fair gossiper 戦略

non-gossiping ALLD	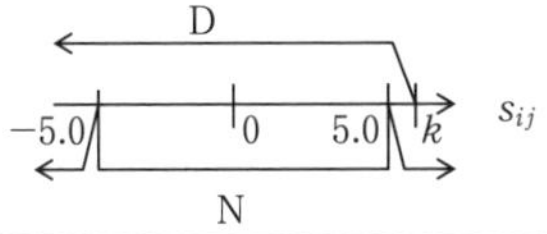	$a = 0$
fairly-gossiping ALLD	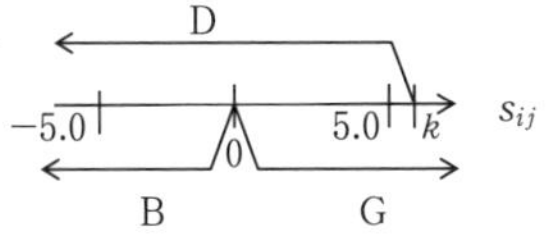	$a = 0$
pure self-advertising ALLD	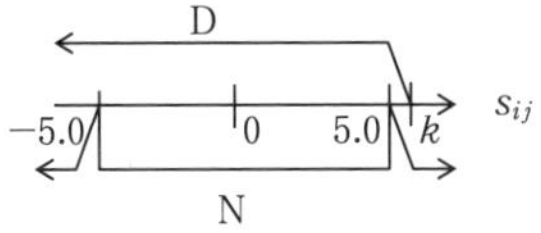	$a = 1$
ALLB-ALLD	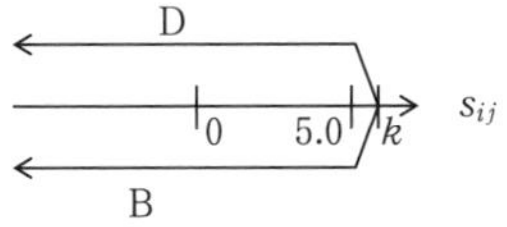	$a = 0$
ALLG-ALLD	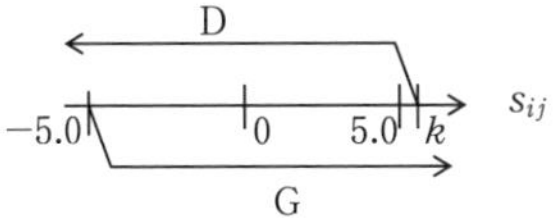	$a = 1$

図 8.6　AllD 戦略の種類

戦略，ALLG-ALLD 戦略である．

　pure self-advertising ALLD 戦略は基本的には non-gossiping ALLD 戦略と同じで，唯一異なるのが「自分はいい人だ」という嘘の噂を流す点である（$a = 1$）．つまり，$(k, q_\mathrm{G}, q_\mathrm{B}, \rho, a, q_\mathrm{R}) = (5.5, 5, -5, \rho, 1, *)$ である．他人については言及しないが，自分にとって都合の良い嘘をつく人である．自分に関する嘘の噂だけを流す人がいるかどうかはさておき，シミュレーションにおいて自分の嘘の噂のみを流す非協力者を調べることは，結果を解析する上では重要となる．

ALLB-ALLD 戦略は常に協力をしないが ($k = 5.5$), どんな人についても悪い噂しか立てない戦略であり ($q_G = q_B = 5.5$), 自分の噂は流さない ($a = 0$). つまり, 自分は何もしなくて, かつ人の悪口しかいわないという人がいるが, それを表している戦略といえる. 良い噂を流してもいいはずなのに, あえて悪い噂を流すという点で嘘である. つまり, $(k, q_G, q_B, \rho, a, q_R) = (5.5, 5.5, 5.5, \rho, 0, *)$ である.

一方, ALLG-ALLD 戦略は常に協力をしないが ($k = 5.5$), どんな人についても良い噂しか立てない戦略であり ($q_G = q_B = -5.5$), 自分の良い噂も流す ($a = 1$). これは, 「みんないい人, 私もいい人」という噂を立てるが, 実際は何もしない人である. この戦略の場合は, 悪い噂を流してもいいにもかかわらず, あえて良い噂を流すという意味で, 嘘つきである. また, 自分の良い噂を流すという点でも嘘つきである. つまり, $(k, q_G, q_B, \rho, a, q_R) = (5.5, -5.5, -5.5, \rho, 1, *)$ である.

嘘のゴシップの効果を鮮明にするために, non-gossiping ALLD や, 嘘はつかずに fair なゴシップを立てる fairly gossiping ALLD 戦略も仮定した.

non-gossiping ALLD 戦略は $k = 5.5$ であり, 他人のゴシップは一切流さず (図 8.6), 自分のことも何もいわない. これは, 反復囚人のジレンマゲームにおける AllD 戦略である. つまり, $(k, q_G, q_B, \rho, a, q_R) = (5.5, 5, -5, \rho, 0, *)$ である.

fairly gossiping ALLD 戦略は常に協力をしないが ($k = 5.5$), 公平な噂を流す戦略である ($q_G = q_B = 0$). また, 自分に関する噂は流さないとする ($a = 0$). つまり, $(k, q_G, q_B, \rho, a, q_R) = (5.5, 0, 0, \rho, 0, *)$ である.

なお, 判断基準が行動とゴシップで同じである戦略 ($k = q_G = $

q_B）も仮定した．この値が5あるいは $-5(=k=q_G=q_B)$ のように極端な値であると，偏った判断基準の戦略となる．興味のある方はSeki and Nakamaru (2016) を読んでほしい．

8.3 fair gossiper の解析結果

まずは fair gossiper のみの集団で協力が進化するかどうかをみてみよう．つまり，プレイヤーの戦略は $q_G = q_B = 0$, $a = 0$, $q_R = -5.0$ であり，k については -5.0〜5.5 の範囲で0.5刻みの値をとるが，この値のいずれかとする．嘘の噂は一切流れず，公平な噂が流れる状況である．戦略セットとしては $(k, q_G, q_B, \rho, a, q_R) = (k, 0, 0, \rho, 0, -5.0)$ である．シミュレーションの初期では k の値が一様に分布しているとする．ρ についてはプレイヤー全員が同じ値をとっていると仮定する．fair gossiper の中でどの値の k が進化するのかをみている．図8.7 はその結果を示している．集団サイズは 660 人である．噂が広がらない状況では（縦軸の $\lambda = 0$），噂によってどのプレイヤーが協力者なのかわからないため，通常の反復囚人のジレンマゲームと同様に，自分の経験を蓄積して相手が協力者かどうかを判断しなければならない．この時は，同じ相手と再び出会うことで相手への情報を蓄積するが，図8.7 の横軸では T の最大値が 6,600 であり，ギビングゲームセッションにおいて全員のプレイヤーとはゲームにおいて出会えるか出会えないかという状況である．このような状況において噂が流れない時は，協力は進化しないという結果であった．なお，図8.7 では濃い灰色ほど協力は進化せず，白色ほど協力が進化することを示している（図8.8 も同様）．これは様々な先行研究とも一致する．

公正な噂が流れる状況，つまり $\lambda > 0$ をみてみよう（図8.7 縦軸）．相互作用の回数が少なくても，噂の伝播するスピードが速く

146

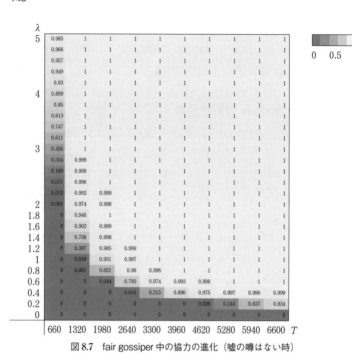

図 8.7 fair gossiper 中の協力の進化（嘘の噂はない時）

なるほど（T が低く，λ が高い）協力的な戦略が進化していることがわかる．これは，相互作用の回数が少なくゲームの経験が蓄積できなくても，噂からの情報をうまく使えば協力者が非協力者に協力してしまうことがなくなるためである．また，ギビングゲームの回数が増えるほど（T が大），噂が広がる速度が遅くても，ゲームでの経験と噂を組み合わせてゲーム相手の情報がわかるようになるため，協力は進化しやすくなる．

次に，fair gossiper のうち，シミュレーション開始時点においては 2/5 の割合で $a = 1$，つまり「自分は協力者」という噂を流す戦略を入れる．このプレイヤーの他の戦略の値である k が正の値

λ	660	1320	1980	2640	3300	3960	4620	5280	5940	6600
5	0	0.004	0.032	0.088	0.124	0.194	0.234	0.289	0.3	0.324
	0	0.008	0.04	0.111	0.181	0.27	0.302	0.344	0.39	0.39
	0.001	0.01	0.064	0.159	0.244	0.315	0.41	0.404	0.444	0.485
	0	0.015	0.097	0.201	0.327	0.368	0.475	0.513	0.538	0.568
	0	0.012	0.133	0.282	0.395	0.482	0.54	0.575	0.643	0.645
4	0	0.022	0.165	0.335	0.485	0.578	0.642	0.697	0.717	0.706
	0	0.028	0.232	0.402	0.585	0.662	0.722	0.74	0.776	0.797
	0	0.033	0.271	0.511	0.663	0.749	0.796	0.832	0.857	0.856
	0	0.049	0.32	0.636	0.726	0.83	0.835	0.857	0.892	0.907
	0	0.056	0.437	0.672	0.807	0.861	0.885	0.91	0.926	0.949
3	0	0.066	0.455	0.741	0.84	0.903	0.931	0.946	0.953	0.97
	0	0.076	0.516	0.791	0.896	0.935	0.948	0.966	0.986	0.98
	0	0.058	0.573	0.855	0.916	0.957	0.974	0.978	0.981	0.989
	0	0.062	0.644	0.871	0.953	0.973	0.988	0.99	0.986	0.99
	0	0.082	0.656	0.896	0.968	0.983	0.987	0.995	0.995	0.998
2	0	0.079	0.683	0.916	0.976	0.992	0.995	0.999	0.997	1
1.8	0	0.061	0.658	0.953	0.974	0.992	0.999	0.998	0.999	0.997
1.6	0	0.056	0.628	0.946	0.988	0.992	0.998	0.999	1	1
1.4	0	0.031	0.604	0.935	0.985	0.993	1	1	1	1
1.2	0	0.008	0.531	0.908	0.984	0.996	1	0.997	1	1
1	0	0.003	0.386	0.856	0.972	0.995	0.999	1	1	1
0.8	0	0	0.165	0.744	0.954	0.99	0.996	0.999	1	1
0.6	0	0	0.003	0.423	0.831	0.959	0.996	0.999	1	1
0.4	0	0	0	0.008	0.334	0.767	0.926	0.971	0.996	0.999
0.2	0	0	0	0	0	0	0.014	0.162	0.549	0.802
0	0	0	0	0	0	0	0	0	0	0

凡例: 0　0.5　1

図 8.8　fair gossiper 中の協力の進化（嘘の噂がある時）

であれば嘘つきとなり，負の値であれば自己宣伝的な戦略となる．**図 8.8** をみてほしい．図 8.7 とは結果が異なることがわかる．ギビングゲームにおいてゲーム回数が増えるほどゲーム相手のことがわかるため，噂が流れるほうがより協力は進化しやすい．しかし，噂の流れる速さが速すぎても遅すぎても協力は進化しないことがわかる．これは Nakamaru and Kawata（2004）の結果とも一致する．

図 8.7 および図 8.8 より，fair gossiper で協力的な戦略の中でも $k = q_G = q_B = 0$ の戦略が協力の進化において要になっていることがわかった．この戦略を zero-discriminating strategy（ZDISC）と呼ぶことにする．そして次節では，ZDISC が嘘の噂を流す非協力

的な戦略に対して進化する条件を探ることにする.

8.4 様々な嘘による影響の解析結果

非協力的な戦略として図 8.6 で説明した 5 種類を考え, ZDISC が
進化する条件を考えよう.

図 8.9 は, 集団中のプレイヤーのとる戦略が ZDISC か非協力か
のいずれかとした時に ZDISC 戦略の進化しやすさを示した図であ
る. この図は初期集団中の ZDISC 戦略をとるプレイヤーがある割
合 x として, ZDISC 戦略が最終的に進化したかどうかを示してい
る. x の値が小さい, つまりシミュレーションの最初に ZDISC 戦
略のプレイヤーが少なくても, 進化シミュレーションで時間が経つ
と ZDISC 戦略のプレイヤーの頻度が高くなり集団を占めるという
ことは, ZDISC 戦略が進化しやすいことを示す. 図 8.9 で示されて
いるように, 濃い灰色ほど x の値が高く協力は進化しない. 一方白
色ほど x が低く協力が進化する.

図 8.9a および b のグラフは左から順に, 非協力戦略が non-
gossiping ALLD 戦略の結果, 非協力戦略が fairly-gossiping
ALLD 戦略の結果, 非協力戦略が pure self-advertising ALLD 戦
略の結果, 非協力戦略が ALLB-ALLD 戦略の結果, 非協力戦略が
ALLG-ALLD 戦略の結果となる. 各グラフの横軸は, ρ_Z である.
これは, 経験に対する噂の重み付けにあたり, ρ_Z が小さいと噂よ
りギビングゲームでの経験のほうを重要視するということになる.
$\rho_Z = 1$ では噂と経験が同じ重み付けになる. すると, 非協力戦略
が non-gossiping ALLD 戦略あるいは fairly-gossiping ALLD 戦
略であれば, 噂が流れる状況 ($\lambda > 0$) において公平な噂が流れるこ
ともあり, T が大きい場合つまりギビングゲームと噂交換が十分に
おこなわれる場合 (図 8.9b) では ZDISC 戦略が進化しやすくなっ

(a) $T = 200$

λ	non (A)	non (IBM)	fair 1/2	fair 1/8	fair 1/1024	self-advertising 1	1/2	1/8	1/1024	ALLB 1	1/2	1/8	1/1024	ALLG 1	1/2	1/8	1/1024
2	28.12	34	21	21	21	57	52	49	49	96	96	94	92	99	98	98	97
1.8	30.07	35	22	22	22	56	52	49	49	96	95	94	90	99	98	98	97
1.6	32.4	37	24	24	24	56	52	49	49	95	95	93	88	98	98	98	97
1.4	35.26	40	27	27	27	55	52	50	50	95	94	92	87	98	98	98	97
1.2	38.86	43	30	30	30	56	53	52	52	94	94	89	86	98	97	97	97
1	43.56	47	35	35	35	59	55	55	55	93	92	88	85	98	97	96	96
0.8	49.99	53	41	41	41	62	60	59	59	91	91	85	83	97	96	96	96
0.6	59.45	62	51	51	51	69	66	66	66	90	88	83	63	97	96	95	95
0.4	73.07	76.	68	68	68	82	80	80	80	92	88	87	87	97	95	95	95
0.2	100	99	99	99	99	99	99	99	99	100	100	100	100	100	100	100	100
0	100	100	100			100				100				100			

(b) $T = 1,000$

λ	non (A)	non (IBM)	fair 1/2	fair 1/8	fair 1/1024	self-advertising 1	1/2	1/8	1/1024	ALLB 1	1/2	1/8	1/1024	ALLG 1	1/2	1/8	1/1024
2	7.77	10	6	6	5	38	31	21	18	95	94	94	31	98	98	98	46
1.8	8.16	10	6	6	5	34	28	19	18	95	94	93	31	98	98	98	46
1.6	8.63	11	6	6	5	31	25	18	17	95	94	93	31	98	98	98	46
1.4	9.2	11	6	6	6	28	23	17	17	95	93	90	31	98	98	98	46
1.2	9.91	12	6	6	6	26	21	17	17	94	93	87	30	98	97	97	46
1	10.83	13	6	7	7	24	19	17	17	93	90	84	29	97	97	97	46
0.8	12.06	14	7	7	7	22	19	18	18	92	85	73	28	97	96	96	46
0.6	13.86	16	7	9	9	21	19	20	20	90	78	62	27	96	96	93	45
0.4	16.78	18	9	13	13	22	20	20	20	85	58	49	27	95	94	83	45
0.2	22.64	24	13	13	13	26	25	25	25	70	58	30	27	91	86	53	44
0	45.3	46	46			46				46				46			

図 8.9　どの噂も信じる時の ZDISC と非協力戦略の 2 種類の進化シミュレーション結果

ている．pure self-advertising ALLD 戦略の場合も T が小さいと，ギビングゲームからの経験による本当の情報が広がる前に嘘の情報が蔓延して騙されてしまい，ZDISC 戦略が進化しにくい．一方，T が大きく噂の流れる速度が速すぎないところ（λ が低い値）で，ZDISC 戦略が進化しやすくなっている．

非協力戦略が ALLB-ALLD 戦略あるいは ALLG-ALLD 戦略であればどうであろうか．これらの戦略は，「あの人は，悪い人だ」としかいわない，あるいは「あの人は良い人だ」としかいわない戦略である．T が大きく ρ_Z が小さい時にかろうじて ZDISC 戦略が進化しやすくなっている程度で，基本的には進化しにくい状況である．

次に，噂の信頼性についての結果を示そう．**図 8.10** は q_R の値を変化させた時の結果になる．図の見方は図 8.9 と同じであり，横軸のみ異なる．図 8.10 は横軸が q_R である．$q_R = -5.0$ はどの噂も信じる場合になる．q_R が高い値であるほど信頼性の高い噂しか信じない．プレイヤー全員が同じ値の q_R とする．すると，図 8.10a のように T の値が低い時にはゲームによる経験値が上がらないために正しい情報が流れにくく，その結果，ZDISC 戦略は進化しにくい．しかし，図 8.10b のように，T の値が高いとゲームをする回数が増えるため経験値も上がり，そのような状況で信頼できる噂のみを信じる場合には，ZDISC 戦略が進化しやすくなっている．特に fairly-gossiping ALLD 戦略の時のように公平な噂が流れやすい状況についてはそうなっている．ところが，ALLB-ALLD 戦略や ALLG-ALLD 戦略のように偏った噂が流れやすい状況においては，ZDISC 戦略が進化しやすいとはいえない．

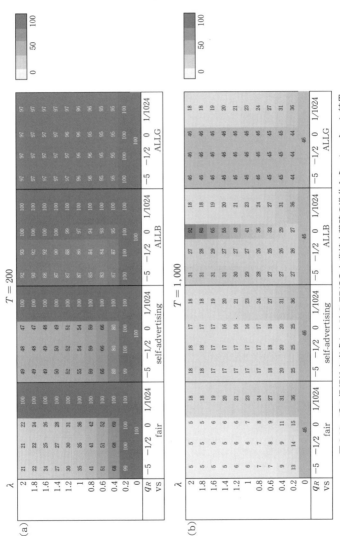

図 8.10　噂の信頼性を考慮した時の ZDISC と非協力戦略の進化シミュレーション結果

Box 11　第三者の目を通した評判と主観的な噂を立てることの違い

　　第 2 章では，Sugden (1986) から発した間接互恵性の枠組みで，評判と協力の進化についての研究を紹介した．本章での研究と Sugden から発した間接互恵性の研究との違いを説明しよう．Sugden から発した間接互恵性の研究では，**図 a** にあるよう，良い評判の A さんが悪い評判の B さんに協力をしなかったとしても，A さんは良い評判のままになる．これは，第三者の目を通した評判である．モデル単純化のため，B さんの A さんに関する評価は，皆と同じと仮定しよう．

　（a）第三者の目を通した評判

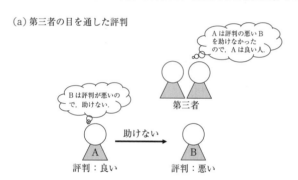

　（b）主観的な噂を立てる場合

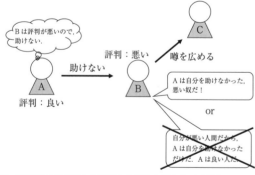

図　第三者の目を通した評判と主観的な噂を立てる場合

しかし，Bさんにとっては Aさんは自分に対して協力をしてくれない相手である．Bさんが，「（自分が悪いから）Aさんは自分のことを助けなかった．Aさんは良い人だ」と思って，Aに関する良い評判を立てるだろうか？　多くの場合，Bさんはそのような評判を立てることはなく，「Aは嫌なやつだ」と噂を立てるだろう（図b）．この時，Bさんからの噂が速く広まる状況であればどうなるだろうか？　Bさんからの噂を受け取ったCさんがこの噂を真に受けてしまうと，Aさんは悪い人という噂が定着する可能性もある．一方，Bさんからの噂に比べて，第三者からみた評判の広まりが速ければ，Bさんからの噂の影響はないかもしれない．

このように，Nakamaru and Kawata (2004) と Seki and Nakamaru (2016) は，第三者に関する噂に加え，人間の主観的な噂を立ててしまう特性をモデルに組み込んだ研究となる．

8.5　現実の嘘の噂との比較

数種類の嘘のゴシップを仮定し，嘘のゴシップが協力の進化において及ぼす影響を進化シミュレーションによって解析した．実際に出会って相互作用する機会が増えると，ゴシップの正確性も上がる．ゴシップが広がる速さにも影響を受け，速すぎるとかえって嘘の噂に騙されやすくなる．受け取ったゴシップを信頼するかどうかにも結果は影響を受ける．信頼性の高いゴシップなら協力者は非協力者からの嘘から騙されにくくなる．しかし，自分は良い人だと嘘をつく非協力な戦略がいたとしても，人から人へ伝える他人に関するゴシップについて公平であれば，嘘に騙されにくい．しかし，ALLB-ALLD 戦略や ALLG-ALLD 戦略のような，他人に関するゴシップを流す時に偏った判断をしてしまうと，すべてのゴシップを信頼しないとしても，協力者は嘘の噂に惑わされて，その結果協力

は進化しにくいこともわかった.

　ゴシップが信頼できるかどうかについて簡単なモデル設定をした. 世の中には，様々な嘘の情報が流れている. これは他人事ではなく，自分自身の根拠のないゴシップを知らないうちに流されて困ったことがある人も多いだろう. 根も葉もない間違ったゴシップを立てられてしまった時，どのように対策をすればよいのかについて検討をした様々な研究が紹介されているが (e.g. 川上，1997；木下，2011)，これといった決定的な結論は出ていないようである.

　今回仮定した嘘以外にも様々な嘘が存在している. このモデルの枠組みでできる範囲で解析をしていきたい. また，ここ 10 年ほどでゴシップに関する研究は様々な分野において進められており，成果もどんどん溜まっている (e.g. Giardini and Wittek, 2019). 認知科学的な知見も重要であり，今後の研究に期待したい.

　最近ではネット上での嘘の情報がすぐさま広がり，それが悪影響をもたらし，フェイクニュースとして社会的な大問題となっている. データが取れる SNS 上のゴシップについては計算社会科学という研究分野として，SNS 上における噂の研究が進んでいる (e.g. Vosoughi et al., 2018).

　フェイクニュースでも様々な嘘がある. しかし，嘘の分類はここ最近始まったばかりという (ウォードル，2019). ウォードルの「情報操作社会に生きる」というタイトルの記事で，"現在は「フェイクニュース」のような単純すぎる用語に頼っているため，重要な違いがわかりにくく，ジャーナリズムを悪しざまにいってけなしている. また，「本物」か「偽物」かが過度に重視されているが，様々なレベルでミスリードさせる不適切情報が存在する" とあるが，まさに，嘘が分類がされていないのである. 「嘘」が頻繁に使われる日常語のため，あるいは，わかり切っていると皆が思い込ん

でいるためであろう．Nakamaru and Kawata (2004) や Seki and Nakamaru (2016) の研究をうまく使って様々な分類に貢献できればと思う．今回紹介した研究は個人間の嘘のゴシップのやりとりを扱っているが，モデルを変更して企業や組織へ適用していきたい．そうすることで「信用」という問題をより深く捉えることも可能になるだろう．

⑨

ミクロネシアで「協力」と「信用」を探す

9.1　ミクロネシアで「頼母子講」を探る

　科学研究費「太平洋島嶼国の貨幣と市場制度の生成と発展に関する研究：理論と実験」（研究代表者：佐々木宏夫・早稲田大学教授）という，経済学者が中心となっているプロジェクトに参加することになった．このプロジェクトでは，太平洋島嶼国の1つであるミクロネシア連邦を訪問し，研究テーマを見つけ，人々を対象にした実験をおこなう．ミクロネシア連邦は小笠原諸島からさらに南下した場所にあり，グアムの東側に位置する島嶼国で，人口は2013年で10.4万人である．4つの州に分かれ，それぞれの州の中心であるポンペイ島，チューク島，ヤップ島，コスラエ島は火山島であり，水資源も他の島に比べると豊富である．第二次世界大戦終了前は日本統治下にあった．そこで，ミクロネシアにも頼母子講（無尽講）があったのではないかと推測した．プロジェクトメンバーで現地の人に手当たり次第聞いてみると，頼母子講（無尽講）がmwusingとして残っていることがわかった．ミクロ

ネシア連邦のポンペイ州ポンペイ島で使われているポンペイ語と英語のオンライン辞書である Pohnpeisan-English Online Dictionary (http://www.trussel2.com/PNP/) にも mwusing という言葉が載っている．この辞書の説明には，mwusing は「お金を集金したもの」となっており，名詞としてだけではなく動詞としても使われる言葉のようだ．この説明の最後には，日本語の無尽（*mushin*）由来である，とも書かれていた．

　日本の一部の信用組合の起源が頼母子講ということもあり，もしミクロネシア連邦に信用組合があるとすると，頼母子講が起源となっているかもしれないと考えた．それを念頭に連邦の首都のあるポンペイ州ポンペイ島で聞き取り調査をしていると，ポンペイには信用組合が 1 軒あることがわかった．ここは偶然宿泊先のすぐ近くだった（**図 9.1**）．私は帰国便の都合で訪問できなかったので，プロジェクトメンバーにその信用組合を訪問してほしいとお願いしたところ，信用組合のマネージャーへのインタビューが実現した．こうしてその信用組合はポンペイ島の mwusing が母体となってできたということが判明した．これについてはプロジェクトの研究代表者が

図 9.1　ミクロネシア連邦ポンペイ州の信用組合

一般向けにレポートを書いている（佐々木，2018）.

　現在の日本の信用組合は利用者の観点からすると銀行とほぼ同じであるが，ポンペイの信用組合はミクロネシア連邦にあるミクロネシア連邦銀行やグアム銀行とは異なっており，初期の信用組合の形態をとっている印象である．ミクロネシア連邦での聞き取り調査はまだ序の口であるため深いことはわからないが，mwusing から信用組合への変化を理解するには非常に良い調査対象であろう．プロジェクトメンバーがポンペイ島に訪問するたびにお願いし，この信用組合のマネージャーにインタビューをしてもらっているが，自分自身では都合が合わずにまだ訪問できていないのが残念である．金融機関の機能が日本とは全く異なっているポンペイ島やその他の島における信用組合の役割などをより深く調べたいと思っている．

9.2　ミクロネシアにおける公共設備の維持・管理

　ミクロネシア連邦の公共設備を見学して疑問に思うことがあった．開発援助等で公共施設を建てるのだが，その後のメンテナンスがうまくいっておらず，修理をすれば使える施設が修理されないままになっていることが多い．たとえば，ポンペイ島では火力発電所の発電機が日本の援助で購入されているが，壊れてもそのまま放置されている．電力事情は非常に悪く，頻繁に停電する．朝，ポンペイで宿泊していたホテルで突然停電になってびっくりしたことがあった．チューク島の公立病院の焼却施設には 2 台焼却炉があるが，1 台は壊れたままである．医療ゴミは燃やせずそのまま山積みになっていた．病院には整備士はいるが，他の修理で忙しく，焼却炉まで手間が回らなかったり，州政府の予算がつかなかったりすることがその理由だという．

　修理には技術者が必要であるが，ミクロネシア連邦では技術者

が育っていない．この背後に，義務教育における算数教育がある．また，ミクロネシア連邦の高等教育機関はミクロネシア短期大学（College of Micronesia）であるが，工学部はない．ミクロネシア連邦の住民はアメリカにパスポートなしで行けるため，優秀な人はミクロネシア短期大学修了後にグアム大学などアメリカの大学へ進学する．ミクロネシア短期大学には行かず，最初からグアム大学やハワイ大学に進学する人もいる．家庭の経済状況がよければ，チューク島にあるミクロネシア地域での名門校ザビエル高校に進学してアメリカ本土の大学に進学をする人もいる．そのような人たちがアメリカで技術者となった場合，給料の違いもありミクロネシアには戻らないという．

　フィリピン人の技術者は出稼ぎでミクロネシアで働いている．チュークの病院やコスラエの発電所で出会った整備士もフィリピン人であった．フィリピン人は自分たちの仕事を取られたくないため，ミクロネシアの人には技術を教えたがらず．その結果，壊れたものが修理できないのだという．

　水力発電所や火力発電所，あるいは道路のような公共設備に限らず，自分の自動車も同様に故障したまま放置されている．技術者養成は課題だと大臣も認識しておられた．公共設備のメンテナンスの問題は，政治的・社会的に優先順位の高いものに財政が回ることもある．

　その中で，チューク島の発電所と上下水道は状況が異なっていた．2018年に視察したところ，その5年前に民営化したという．発電所と上下水道の視察の後，弁護士でもあるチューク空港すぐそばのL5 Hotelの社長にインタビューをしたのだが，なんと，その社長が発電所と上下水道のCEO（最高経営責任者）だったのだ．そのCEOに「ミクロネシアの公共設備などのメンテナンスについて

どう思うか」と質問したところ,「ミクロネシア連邦における大問題 (Challenge in FSM)」という返答が即,返ってきた.まずは自らということで,CEO として将来の発電所や上下水道のメンテナンスも考えて貯蓄をしたり,従業員教育も常にしているようである.経営しているホテルでも,メンテナンスのための貯金をしていて,従業員には毎日運動をさせて健康を維持させるなど,徹底した従業員教育をしているようだ.このような志の高い経営者がいれば,改善されていくのかもしれない.

公共設備の維持の問題はミクロネシアだけではない.他の開発途上国でも日本でも,古い橋や水道管の修繕をどうするのかは社会の大きな課題なのだ.

公共施設を維持するためには将来を見越して,今のお金を取っておく必要がある.これは将来のために今をどのくらい犠牲にできるか,つまり時間選好の問題ということにもつながる.ミクロネシアでは肥満が問題となっているが,これは今甘いものを食べて快適に過ごしたいという心のはたらきが将来を考えて控えておくことより強いためとも考えられる.

教育問題も時間選好の問題と関係する.勉強して将来につなげるより,今遊びたいという気持ちが勝つのかもしれない.一方で,ミクロネシアの教師のあり方にも問題がある.先生は家族の都合などですぐに欠勤をする.授業は先生の説明を聞くだけで,宿題は出ない.また,ミクロネシアには出版社も本屋もなく,教科書や図書館の本の調達も大変である.学校の先生の給料は良いわけでもなく,学校を卒業して最初は教師になっても,もっと給料の良い仕事があったらそちらに転職するようだ.あるいは,9.4 節で述べるように,拡大家族では貯蓄をしにくいこともあり,維持管理のために貯蓄するという考え方を妨げているのかもしれない.

すべての要因を網羅的に研究することは難しい．そこで，メンテナンスのためにコストを負担し続けることに関する意思決定が，住んでいる地域によって異なるのか，あるいは個人の特性（時間選好など）で決まるのかを調べることにした．方法としては実験経済学の手法を用い，この問題を調べるための新しいゲームもプロジェクトで作成した．2019 年には東京工業大学で経済学実験をおこない，2020 年 2 月にはグアム大学でも実験をおこなった．さらに 2020 年 3 月にミクロネシアで実験予定であったが，新型コロナウイルス感染症の世界的な流行で出張取りやめとなった．新型コロナウイルス感染症の流行が収束次第，実験のために渡航をする予定である．

9.3　グアムでの研究

この研究プロジェクトでミクロネシアに渡航するにあたって，グアムに必ずトランジットで立ち寄る必要があった．ミクロネシア連邦で様々な人にインタビューをする中で，ミクロネシア連邦の官僚や州のトップなどのエリートの多くはグアム大学を卒業していることがわかり，ミクロネシアにおけるグアムの位置付けに興味が湧きだした．

また，ミクロネシア関連の書籍やレポートなどにあたっている中で，神父としてミクロネシアに滞在する傍ら，個人でミクロネシアの研究をおこない膨大な資料を集め，さらには様々な書籍を書いてミクロネシア地域研究に貢献されているヘーゼル神父の存在を知った．ヘーゼル神父が日本に招待され，2018 年 5 月には一般社団法人太平洋協会でも講演されることを知り，プロジェクトメンバーとともに聴講して名刺交換をおこなった．2018 年 9 月のチューク島出張の折にはグアムにも数日滞在してヘーゼル神父に面談に行った．ご高齢にもかかわらず頭脳明晰で様々なことを説明してくださった．

　ヘーゼル神父との面談後にグアム大学にも立ち寄った．この時に
たまたまキャンパスでグアム大学の教授が声をかけてくださった．
日本に在住したことがあり，奥さんも日本人で，頻繁に日本に訪れ
ておられるようだ．

　グアム大学には，ミクロネシア地域研究所 (MARC) がある．
MARC には，ミクロネシアの若者の自殺率の高さにいち早く気付
き論文を出した文化人類学の教授がいる (e.g. Rubinstein, 1983)．
2019 年 3 月にグアムへ渡航した時は，MARC の先生や研究員の人
たちとの面談もした．グアムといえば今までは南国の観光地として
のイメージしかなかったが，グアム大学の先生方との交流を通し，
研究対象としてグアムに非常に強い興味を抱くようになった．

　グアムの人口の多くはネイティブのチャモロ人かフィリピン人で
あり，少数派としてミクロネシアからの移住者がいる．フィリピン
人が多いことは興味深い．彼らの第 1 世代がフィリピンからの移住
者で，今は第 2〜3 世代である．グアムの人口比ではチャモロ人の
ほうが多いが，グアム大学ではチャモロ人よりフィリピン人のほう
が多いという．これについてはフィリピン人のほうが教育熱心とい
う話を聞いた．ミクロネシア地域におけるフィリピン人の役割も興
味深い．

　ミクロネシア連邦の人々を対象として実験をすることはもちろん
研究プロジェクトとしての第 1 目標であるが，他のミクロネシア地
域のグアムのチャモロ人やフィリピン人，そしてグアムでは少数派
のミクロネシア人を被験者とした実験をして比較しても面白いので
はということで，グアム大学でも実験をおこなうことになった．

　実験にあたってはグアム大学の先生の協力も得られ，グアム大学
の倫理委員会の許可もとってくださり，講義室を実験室として使
わせていただくことになった．人との出会いというのは非常に大

事だ．ミクロネシアやグアムの要人は，実験にご協力くださった教授たちの教え子である．被験者に支払う謝金として大量のUSコインが必要であったが，日本では莫大な量のUSコインは入手できない．どうしようかと困っていたが，その先生たちに相談するとグアム銀行からすぐに入手できた，他にもいろいろなことがスムーズに進んだ．つまりは地元の名士である．

9.4　ミクロネシアにおける互恵性

　協力の進化に関する研究を主におこなってきたこともあり，協力という視点からミクロネシアをみると非常に面白いことがわかった．ミクロネシアの社会は拡大家族（英語では extended family）である．拡大家族で血縁関係のある親族だけではなく血縁関係のない人たちも含まれ，非常に広範囲となる．ミクロネシアに限らず太平洋の広い地域でこの家族形態をとるらしく，文化人類学による研究の蓄積があるようだ．拡大家族に関する研究についてまだきちんと先行研究にあたれてはいないが，数回のミクロネシア訪問において見聞きをしたり，ヘーゼル神父の本を読んだりして面白いと思ったことを書こう．

　拡大家族内では富の再分配をおこなう．つまり，家族内での相互扶助をおこなっている．失業率は高く，安定的な収入のない人が多い中，家族の中に1人でも公務員がいればその給料を皆で分け合っているようだ．個人的に貯金しているのがばれると，拡大家族のメンバーから良く思われないようだ．そのため，銀行に財産を貯蓄しづらいらしい．銀行や信用組合は，物入りの時にローンを組む場合に使うようである．ただ，お金が必要な時に銀行や信用組合で借りているというよりは，fund raising をして拡大家族から寄付してもらっているようである．fund raising とは，パーティーを開

いて食事や飲み物を用意して，拡大家族のメンバーを呼んでお金を集めるものを指す．fund raising では all-for-one 構造と同時に one-for-all 構造の形式をとっているが，頼母子講のように輪番ではない．どちらかといえば相互援助ゲームに似ているが，資金を集める人は食事を用意するという点で大なり小なりのコストをかけている．

　葬式や結婚式となると拡大家族でおこない，参加が求められる．拡大家族はメンバーが多く，葬式などの回数も多くなってしまう．これが学校の先生が頻繁に欠勤する理由にもなっているらしい．

　Hezel（2013）には，ミクロネシア連邦ポンペイ島の mon-and-pop store について調べた研究（Petersen, 1986）が紹介されていた．mon-and-pop store は家族経営の小さな店舗で，雑貨や食料を売っている．日本でもかつてはこのような店舗が多かったが，今では見つけるのが難しい．

　ポンペイ島の mon-and-pop store についての研究によると（Petersen, 1986），赤字で 1 年以内に店じまいをすることが多いが，それでもこの店を始める人がいるという．赤字の理由は知人がお店で物を購入して付け払いとするが，その知人が返済せずそのために店が潰れるらしい．Hezel（2013）によると，これも互恵性であるという．つまり，知人がツケで買ったものについてあえて返済を求めないということで良い評判を得るようだ．

　ヘーゼル神父にインタビューをした時にこの話を聞いてみた．この研究が発表されたのは 1986 年であるが，今でもそうであるという．ただ，これについての現在の状況を知るには，文化人類学者のようなスタイルで長時間住み込み，信頼関係を築いた上でフィールド調査をおこなわないと聞き取りは難しいだろう．

　私のような数理モデルやシミュレーションを駆使して研究する

研究者がこのような興味深い内容をどのように研究していくかは
課題である．血縁関係のある家族内であれば血縁選択で説明できる
が，拡大家族は親族以外も含まれる大きな集団である．1つの切り
口としては，山岸（1998）の「安心」ではないかと考えている．こ
の「安心」とは，社会的不確実性が存在しない中での相手が自分を
裏切らないという期待になる．つまり，拡大家族という安定した人
間関係の中では，メンバーには裏切られないだろうという期待であ
る．ミクロネシアの拡大家族における強力な協力関係は，おそらく
は「安心」で説明できるだろう．なお，これとは別のもっと面白い
側面を捉えることができないものかと現在模索中である．

　東北大学の辻本昌弘先生に「拡大家族における富の再分配」の話
をしたところ，ミクロネシアに限らず，辻本先生が調査した東アフ
リカの牧畜民トゥルカナ族や，その隣の牧畜民であるヌアー族でも
同じような報告があると教えていただいた（e.g. Evans-Prichard,
1940）．ヌアー族では，余剰の物資をもっている時は隣人たちと分
け合わなければならないらしく，ヌアー族に出会った旅行者が贈り
物をねだられるのはそういう理由のようだという．

　これについて，たとえば小川（2016）によると，東アフリカのト
ングウェ人も「分け与える」という文化のようである．このアフリ
カの親族や地縁などを基盤とする再分配を通じた相互扶助システム
（情の経済）が，アフリカ諸国の発展を妨げる要因となっていると
1980年代に論じた研究者もいたようだ．このような平準化は社会
の発展を妨げるだけではなく，条件さえ揃えば社会全体を押し上げ
る動きにつながる可能性があるというような議論もその後されてい
るようだ（小川，2016）．小川（2016）のアフリカのフィールド調査
によれば，お金の貸し借りは日常茶飯事であり，ある人にお金を貸
した後に自分もお金が必要になると，貸した相手に催促はせずに別

の人から借りるというような貸し借りをおこなっているという．そして最近では，携帯電話経由でエム・ペサという送金システムを使えるようになり，以前よりも送金が容易になっているそうだ．アフリカの事情を知り，ミクロネシアでの拡大家族の富の再分配は奥深い研究テーマであることに改めて気がついた．「ミクロネシアでは個人が貯金ができないとすれば，ボトムアップによる経済・社会の発展は可能なのか？」という印象をもっていたが，少なくともアフリカではそういう議論があったようだ．

引用文献

Aktipis, C.A. (2004) Know when to walk away: contingent movement and the evolution of cooperation. *Journal of Theoretical Biology*, **231**, 249–260.

Axelrod, R., Hamilton, W.D. (1981) The evolution of cooperation. *Science*, **211**, 1390–1396.

Axelrod, R.M. (1984) *The evolution of cooperation.* Basic Books.（松田祐之訳，1998，『つきあい方の科学』，ミネルヴァ書房）

Barabási, A.-L., Albert, R. (1999) Emergence of scaling in random networks. *Science*, **286**, 509–512.

Barclay, P. (2016) Biological markets and the effects of partner choice on cooperation and friendship. *Current Opinion in Psychology*, **7**, 33–38.

Bell, F. (1907) *At the Works*: *A study of a manufacturing town.* London: Edward Arnold.（現在は Forgotten Books のウェブサイト https://www.forgottenbooks.com/en より入手可能）

Botsman, R. (2017) *Who can you trust? How technology brought us together and why it could drive us apart.* Penguin Books Ltd.（関美和訳，2018，『トラスト　世界最先端の企業はいかに〈信頼〉を攻略したか』，日経 BP 社）

Boyd, R., Richerson, P.J. (1988) The evolution of reciprocity in sizable groups. *Journal of Theoretical Biology*, **132**, 337–356.

Brandt, H., Sigmund, K. (2004) The logic of reprobation: assessment and action rules for indirect reciprocation. *Journal of Theoretical Biology*, **231**, 475–486.

Brosnan, S.F., de Wall, F. B. M. (2003) Monkeys reject unequal pay. *Nature*, **425**, 297–299.

Choi, J-K., Bowles, S. (2007) The coevolution of parochial altruism and war. *Science*, **318**, 636–640.

Cinyabuguma, M., Page, T., Putterman, L. (2005) Cooperation under the threat of exculsion in a public goods experiment. *Journal of Public Economics*, **89**, 1421-1435.

Coleman, J. S. (1990) *Foundations of social theory*. Harvard University Press. (久慈利武監訳，2004，『社会理論の基礎〈上〉』，青木書店)

Collins, D., Morduch, J., Rutherford, S., Ruthven, O. (2010) *Portfolios of the Poor: how the world's poor live on $2 a day*. Princeton University Press. (野上裕生監修，2011，『最底辺のポートフォリオ』，みすず書房)

Croson, R., Fatas, E., Neugebauer, T., Morales, A.J. (2015) Excludability: a laboratory study on forced ranking in team production. *Journal od Econimic Behavior & Organization*, **114**, 13-26.

Diekmann, A. (1985) Volunteer's dilemma. *Journal of Conflict Resolution*, **29**, 605-610.

Doi, K., Nakamaru, M. (2018) The coevolution of transitive inference and memory capacity in the hawk-dove game. *Journal of Theoretical Biology*, **456**, 91-107.

Dunber, R.I.M. (2004) Gossip in evolutionary perspective. *Review of General Psychology*, **8**, 100-110.

Evans-Prichard, E.E. (1940) *The Nuer*. The Clarendon Press. (向井元子訳，1997，『ヌアー族』，平凡社)

Fehr, E., Gächter, S. (2002) Altruistic punishment in humans. *Nature*, **415**, 137-140.

Feinberg, M., Willer, R., Schultz, M. (2014) Gossip and ostracism promote cooperation in groups. *Psychological Science*, **25**, 656-664.

Giardini, F., Wittek, R. (eds) (2019) *The Oxford handbook of gossip and reputation*. Oxford University Press.

Guala, F. (2012) Reciprocity: weak or strong? What punishment experiments do (and do not) demonstrate. *Behavioral and Brain Sciences*, **35**, 1-59.

Herrmann, B. Thöni, C., Gächter, S. (2008) Antisocial punishment across societies. *Science*, **319**, 1362-1367.

Hezel, F. X. (2013) *Making sense of micronesia*. University of Hawai'i Press.

Koike, S., Nakamaru, M., Tsujimoto, M. (2010) Evolution of cooperation in rotating indivisible goods game. *Journal of Theoretical Biology*, **264**, 143-153.

Koike, S., Nakamaru, M., Otaka, T., Shimao, H., Shimomura, K., Yamato, T. (2018) Reciprocity and exclusion in informal financial institutions: an experimental study of rotating savings and credit associations. *PLoS ONE*, **13**, e0202878.

Krupenye, C., Kano, F., Hirata, S., Call, J., Tomasello, M. (2016) Great apes anticipate that other individuals will act according to false beliefs, *Science*, **354**, 110-114.

Lee, J.H., Yamaguchi, R., Yokomizo, H., Nakamaru, M. (2020) Preservation of the value of rice paddy fields: investigating how to prevent farmers from abandoning the fields by means of evolutionary game theory. *Journal of Theoretical Biology*, **495**, 110247.

Levin, B.R., Kilmer, W.L. (1974) Interdemic selection and the evolution of altruism: a computer simulation study. *Evolution*, **28**, 527-545.

Maier-Rigaud, F.P., Martinsson, P., Staffiero, G. (2010) Ostracism and the provision of a public good: experimental evidence. *Journal od Econimic Behavior* & *Organization*, **73**, 387-395.

Matsuda, H. (1987) Condition for the evolution of altruism. In: Animal societies: theories and facts. Ito, Y., Brown, J. L., Kikkawa, J. eds. *Japan Scientific Societies Press*. 56-79.

Mayer, R.C., Davis, J.H., Schoorman, F.D. (1995) An integrative model of organizational trust. *Academy of Management Review*, **20**, 709-734.

Maynard Smith, J. (1982) *Evolution and the theory of games*. Cambridge University Press, Cambridge, UK.（寺本英・梯正之訳，1985，『進化とゲーム理論』，産業図書）

Maynard Smith, J., Price, G.R. (1973) The logic of animal conflict. *Nature*, **246**, 15-18.

Morin, E. (1969) *Larumeur d'Orleans*. Editions du Seuil（杉山光信訳，1980，『オルレアンの噂』，みすず書房）

Nakamaru, M., Dieckmann, U. (2009) Runaway selection for cooperation and strict-and-severe punishment, *Journal of Theoretical Biology*, **257**, 1-8.

Nakamaru, M., Iwasa, Y. (2005) The evolution of altruism by costly punishment in the lattice structured population: score-dependent viability versus score-dependent fertility. *Evolutionary Ecology Research*, **7**, 853-870.

Nakamaru, M., Iwasa, Y. (2006) The coevolution of altruism and punishment: role of the selfish punisher. *Journal of Theoretical Biology*, **240**, 475-488.

Nakamaru, M., Kawata, M. (2004) Evolution of rumors that discriminate lying defectors. *Evolutionary Ecology Research*, **6**, 261-283.

Nakamaru, M., Matsuda, H., Iwasa, Y. (1997) The evolution of cooperation in a lattice-structured population. *Journal of Theoretical Biology*, **184**, 65-81.

Nakamaru, M., Nogami, H., Iwasa, Y. (1998) Score-dependent fertility model for the evolution of cooperation in a lattice. *Journal of Theoretical Biology*, **194**, 101-124.

Nakamaru, M., Sasaki, A. (2003) Can transitive inference evolve in animals playing the hawk-dove game? *Journal of Theoretical Biology*, **222**, 461-470.

Nakamaru, M., Shimura, H., Kitakaji, Y., Ohnuma, S. (2018) The effect of sanctions on the evolution of cooperation in linear division of labor. *Journal of Theoretical Biology*, **437**, 79-91.

Nakamaru, M., Yokoyama, A. (2014) The effect of ostracism and optional participation on the evolution of cooperation in the voluntary public goods game. *PLoS ONE*, **9**, e108423.

Neuman, M.E.J. (2003) The structure and function of complex networks. *Society for Industrial and Applied Mathematics*, **45**, 167-256.

Nowak, M. A., May, R. M. (1992) Evolutionary games and spatial chaos. *Nature*, **359**, 826-829.

Nowak, M. A., Sigmund, M. (1993) A strategy of win-stay, lose-shift that outperforms tit-for-tat in the Prisoner's Dilemma game. *Nature*, **364**, 56-58.

Nowak, M.A., Sigmund, K. (1998) Evolution of indirect reciprocity by image scoring. *Nature*, **393**, 573-577.

Nowak, M.A. (2006) Five rules for the evolution of cooperation. *Science*, **314**, 1560-1563.

Ohtsuki, H., Iwasa, Y. (2004) How should we define goodness?—reputation dynamics in indirect reciprocity. *Journal of Theoretical Biology*, **231**, 107-120.

Ohtsuki, H., Hauert, C., Lieberman, E., Nowak, M.A. (2006) A simple rule for the evolution of cooperation on graphs and social networks. *Nature*, **441**, 502-505.

Petersen, G. (1986) Redistribution in a Micronesian commercial economy, *Oceania*, **57**, 83-98.

Press, W.H., Dyson, F.J. (2012) Iterated prisoner's dilemma contains strategies that dominate any evolutionary opponent. *Proceedings of the National Academy of Science of the United States of America*, **109**, 10409-10413.

Rand, D.G., Armao IV, J.J., Nakamaru, M., Ohtsuki, H. (2010) Anti-social punishment can prevent the co-evolution of punishment and cooperation. *Journal of Theoretical Biology*, **265**, 624-632.

Rand, D.G., Nowak, M.A. (2013) Human cooperation. *Trends in Cognitive Science*, **17**, 413-425.

Richerson, P., Baldini, R., Bell, A.V., Demps, K. et al. (2016) Cultural group selection plays an essential role in explaining human cooperation: a sketch of the evidence. *Behavioral and Brain Sciences*, **39**, e30.

Rubinstein, D. H. (1983) Epidemic suicide among Micronesian adolescents. *Social Science and Medicine*, **17**, 657-665.

Sato, K., Matsuda, H., Sasaki, A. (1994) Pathogen invasion and host extinction in lattice structured populations. *Journal of Mathematical Biology*, **32**, 251-268.

Sehgal, K. (2015) *Coined, The rich life of money and how its history has shaped us*. Grand Central Publishing, NY, USA（小坂恵理訳，2016，『貨幣の「新」世界史——ハンムラビ法典からビットコインまで』，早川書房）

Seki, M., Nakamaru, M. (2016) A model for gossip-mediated evolution of altruism with various types of false information by speakers and assessment by listeners. *Journal of Theoretical Biology*, **407**, 90–105.

Shimao, H., Nakamaru, M. (2013) Strict or graduated punishment? Effect of punishment strictness on the evolution of cooperation in continuous public goods games. *PLoS ONE*, **8**, e59894.

Shimura, H., Nakamaru, M. (2018) Large group size promotes the evolution of cooperation in the mutual-aid game. *Journal of Theoretical Biology*, **451**, 46–56.

Shubik, M. (1965) *Game theory and related approaches to social behavior*. New York: John Wiley & Sons.

Sigmund, K. (2007) Punish or perish? Retaliation and collaboration among humans. *Trends in Ecology and Evolution*, **22**, 593–600.

Sugden, R. (1986) *The economics of rights, co-operation and welfare. 2nd edition*. Palgrave Mecmillan. (友野典男訳, 2008, 『慣習と秩序の経済学』, 日本評論社)

Takahashi, N. Mashima, R. (2006) The importance of subjectivity in perceptual errors on the emergence of indirect reciprocity. *Journal of Theoretical Biology*, **243**, 418–436.

Vasconcelos, M. (2008) Transitive inference in non-human animals: an empirical and theoretical analysis. *Behavioural Processes*, **78**, 313–334.

Vosoughi, S., Roy, D., Aral, S. (2018) The spread of true and false news online. *Science*, **359**, 1146–1151.

Wardle, C. (2019) *Misinformation has created a new world disorder*. Scientific American, September 2019. (ウォードル, C., 2019, 『情報操作社会に生きる（日経サイエンス 12 月号）』, 日本経済新聞社, 92-98)

Yamamoto, S., Humle, T., Tanaka, M. (2012) Chimpanzees' flexible targeted helping based on an understanding of conspecifics' goals. *Proceedings of the National Academy of Science of the United States of America*, **109**, 3588–3592.

石渡正佳（2002）『産廃コネクション 産廃 G メンが告発！ 不法投棄ビジネスの真相』, WAVE 出版.

猪瀬直樹（2007）『二宮金次郎はなぜ薪を背負っているのか？』, 文春文庫.

今西錦司編著 (1944)『ポナペ島——生態学的研究』，講談社.

大垣昌夫・田中沙織 (2014)『行動経済学』，有斐閣.

大沼進・北梶陽子 (2007) 産業廃棄物不法投棄ゲームの開発と社会的ジレンマアプローチ——利得構造と情報の非対称性という構造的与件がもたらす効果の検討. シミュレーション＆ゲーム，**17**，5-16.

小川さやか (2016)『「その日暮らし」の人類学』，光文社新書.

小川さやか (2019)『チョンキンマンションのボスは知っている』，春秋社.

川上善郎 (1997)『うわさが走る』，サイエンス社.

菊水健史 (2019)『社会の起源——動物における群れの意味』，共立出版.

北梶陽子・大沼進 (2014) 社会的ジレンマ状況で非協力をもたらす監視罰則——ゲーミングでの例証. 心理学研究，**85**，9-19.

木下冨雄 (2011) うわさはなぜ歪む？——うわさに秘められたこころの秘密. こころの未来，**6**，20-23.

小林惟司 (2009)『二宮尊徳——財の生命は徳を生かすにあり』，ミネルヴァ書房.

酒井聡樹・高田壮則・東樹宏和 (2012)『生き物の進化ゲーム 大改訂版』，共立出版.

櫻井徳太郎 (1988)『講集団の研究』，吉川弘文館.

佐々木宏夫 (2018) ミクロネシア研究プロジェクトについて——何をやろうとしているのか？　一般向けレポート.

辻本昌弘 (2000) 移民の経済的適応戦略と一般交換による協力行動——ブエノスアイレスにおける日系人の経済的講集団. 社会心理学研究，**16**，50-63.

辻本昌弘 (2006) アルゼンチンにおける日系人の頼母子講——一般交換による経済的適応戦略，**5**，165-179.

辻本昌弘 (2008) 社会的交換の生成と維持——沖縄の講集団の追跡調査. 東北大学文学研究科研究年報，**58**，68-52.

辻本昌弘・國吉美也子・與久田巌 (2007) 沖縄の講集団に見る交換の生成. 社会心理学研究，**23**，162-172.

中丸麻由子・小池心平 (2015a) 第 9 章 無縁化をもたらす非協力行動の制度的構造.（『心理学叢書 無縁社会のゆくえ——人々の絆はなぜなくなるの？』，日本心理学会監修），誠信書房，150-171.

中丸麻由子・小池心平 (2015b) 第 2 章 集団における協力の構造と協力維持のためのルール——進化シミュレーションと聞取調査.（『「社会の決まり」はど

のように決まるか？』，西條辰義監修），勁草書房，49-83.

増田直紀・今野紀雄 (2005)『複雑ネットワークの科学』，産業図書.

増田直紀・今野紀雄 (2010)『複雑ネットワーク——基礎から応用まで』，近代科学社.

松田美佐 (2014)『うわさとは何か』，中公新書.

宮内泰介・藤林泰 (2013)『かつお節と日本人』，岩波新書.

山岸俊男 (1998)『信頼の構造』，東京大学出版会.

おわりに

　この本で扱ったテーマは，集団においてあるルールやシステムの
もと目的に沿って協力し合うことで，お互いの信頼関係が構築され
信用システムが創発し，違反者への罰のようなルールなどが加わり
信用関係を維持していくことである.

　思い起こせば，大学院生の頃，私は「社会福祉制度の（社会）進
化」に関する研究がしたいと思い，進化生態学や数理生物学的観点
から人間社会を捉えるという研究分野に飛び込んだ. 現在は相互扶
助組織から派生したシステムや制度に関する研究をしており，元々
の研究目的に近づいている. 今後も信用に関する研究を発展させて
いきたいと考えている.

　進化ゲーム理論の枠組みでは研究対象としてまだ扱われていない
社会現象を発掘して，新しい研究を提唱していきたい. 一見多様な
現象の背後にある原理を引き出し，理論に昇華させ，新しい基礎研
究につなげることができればどんなにすばらしいだろう.

　人間社会での具体的な組織や制度についての研究で私が最初に取
り組んだのは，頼母子講の進化シミュレーションである. 東北大学
の辻本先生の沖縄の模合の調査研究から刺激を受けて始めた. 大学
院生の小池心平さんが興味をもってくれたこともあり，まず修士論
文として共同研究をおこなった.

　頼母子講の研究から様々な興味深い研究課題が派生してきた. ま
ずは，グループのメンバーの選び方やメンバーのグループの選び方
によって，グループにおける協力の進化にどのように影響を与える

のかについてである．当時大学院生であった横山明さんと一緒に研究を進めた．

　現在の日本で頼母子講が盛んな地域は沖縄と山梨という．頼母子講で運用されているルールを知りたいが，講に関する様々な文献にも詳細なルールは掲載されていない．実際の頼母子講のルールを知るには，自分で調べるしかないのだ．しかし，フィールドワーカーではないためフィールドワークの土地勘もなく，どこのフィールドに入り込むのかもよくわからない状況だった．困っていたところ桑子敏雄教授の研究室の大学院生であった高田知紀さん（現在，兵庫県立大学准教授および兵庫県立人と自然の博物館研究員）から，佐渡島にもまだ講が残っているとの情報を得た．高田さんをはじめとする桑子研究室では佐渡島で地域おこしなど様々なプロジェクトをされており，佐渡島の人たちをよく知っておられた．そこで，桑子研究室で培ってきた人脈を頼りに，講に関するルールの聞き取り調査をすることにした．頼母子講のシミュレーションをおこなった小池心平さんにも声をかけて佐渡島を訪問し，聞き取りをした．

　第4章の頼母子講の進化シミュレーションのモデル構築では，現実の様々なルールから一部のルールを取り出してモデル化をおこなっている．現実の頼母子講は様々なルールからなっている．その中で第4章では，2つのルール，受領権喪失ルールとメンバー選別ルールに着目して研究をおこなった．後者のメンバー選別ルールは，ルールというよりはグループを形成する時の意思決定の仕方になる．では，この2つは現実においてどのくらい有効だろうか？現実では慣習を引き継いでいるため，この2つのルールのみで運用していくわけにもいかず，被験者実験によってこのような設定をしたいと思っていた．実験経済学がご専門の大和毅彦先生（東京工業大学教授）に相談したところ，興味をもっていただき共同研究する

こととなった．当時大学院生であった島尾堯さんや大和研究室の大学院生だった大高時尚さんらとともに実験の枠組みをつくり，この2人が主になって被験者集めや実験の実施，データ解析をおこなった．また，途中から神戸大学の下村研一教授にも加わっていただき，ゲーム理論からの理論予測をしていただいた．海外に留学した島尾さんの後は，博士後期課程に進学した小池心平さんが引き継いで，被験者集めから実験のデータ解析など一手に引き受けてもらい研究を進めた．このように，様々な研究者との共同作業と議論のおかげで研究を遂行できた．実験だからこその発見もあり，被験者実験の面白さを感じた．被験者実験については第5章の後半で紹介した (Koike et al., 2018).

　頼母子講の進化シミュレーション研究をした後に知ったのだが，頼母子講に関する私たちのゲームと似た構造をもつゲームが，イギリスの Robert Sudgen によって提案されていた (Sudgen, 1986).相互援助ゲーム (mutual-aid game) である．大学院生であった志村隼人さんが，Sudgen(1986) で扱った戦略も含めて複数の戦略についての進化的安定性や進化的侵入可能性についての数理モデル解析およびシミュレーション解析をおこなった。

　頼母子講を模したゲームや相互援助ゲームの進化シミュレーションは，金融や保険制度の初期段階についての研究となると考えている．というのは，日本では江戸時代から明治時代の変革期に，頼母子講の一部が銀行や相互銀行になっている．また，バングラデッシュの経済学者であるムハマド・ヤヌス博士は，バングラデッシュの頼母子講をもとにグラミン銀行を創設し，グラミン銀行は貧困の解決に寄与した功績でノーベル平和賞を受賞した．金融や保険では「信用」が重要である．これらの研究は信用創造や醸成に関する研究にもなっていると考えるようになった．現在の金融システムや保

険システムは，素人目にはあまりにも複雑で高度に発展しており，この本で紹介した内容とはかけ離れている．しかし，今の金融システムでも保険システムでも，初期段階での「信用」の確立に成功したために今のシステムが構築されており，根源を知るには今回の研究のようなアプローチ方法が第一歩となるだろう．そこで，本書の書名にも信用という言葉を入れた．

さらに，銀行がかかわる「貨幣」と信用システムは切っても切り離せない．貨幣の進化は非常に難しい問題であり，本書とはかけ離れていると思われるかもしれない．貨幣に関して，『貨幣の「新」世界史』という本がある（セガール，2016）．興味深いことにセガール（2016）の第1章は交換の起源ということで，進化生態学や脳神経科学の研究が紹介してある．本書にも紹介した Axelrod の反復囚人のジレンマゲームのトーナメント実験まで載っている．また，第2章では日本の冠婚葬祭の祝儀や香典の紹介があり，本書と非常に近い切り口といえる．セガールの本を読んで，自分の研究の方向性は的外れではないと思った．

本書を執筆する中で，自分自身の分業に関する研究や，嘘の噂に関する研究も基本的には「信用」につながることに気がついた．

信用システムを発展させる上で分業は要である．1人が様々な仕事を一手に引き受けてこなすことは基本的には不可能であり，様々な人と分業することで社会は発展してきた．分業は信用がなければおこなえない．つまり分業と信用は切っても切れない関係なのである．そこで，第7章では，分業と協力の進化に関する私の研究を紹介した．この研究の発端は実は産業廃棄物における分業であった．当時，北海道大学の大沼進先生の大学院生であった北梶陽子さん（現，広島大学教員）の産業廃棄物の被験者によるゲーミング実験研究を聞く機会があった．産業廃棄物は5段階に分かれて処理さ

れるが，不法投棄が後を絶たず，行政によって罰則規定があるもの
の，不法投棄が減ったとは言い難い状況である．北梶さんと大沼先
生はゲーミング実験で罰則があるとかえって産業廃棄物が増えてし
まうということを示した．この研究を聞いて興味をもったことと，
進化ゲームで解析できると思ったことから研究を始めた．大沼先生
や北梶さんに現実の観点からのアドバイスをいただきながらモデル
を構築し，前述の志村さんに非常に厄介な計算を手伝ってもらいな
がら研究を遂行した．

　信用システムを構築する上で，システムに対する非協力者を防ぐ
方法のみだけではなく，嘘の噂や騙しに対して頑健なシステムをつ
くることは重要である．第8章で説明した研究は当時，東京大学の
大学院生であった関元秀さん（現，九州大学教員）が主になって研
究を進めてくださった．

　世の中を見渡すと，無実無根の噂のせいで風評被害にあっている
農家の人たちや，根拠のない噂のせいでインターネット上やメール
で匿名集団からのバッシングにあって精神的にまいっている人たち
がいる．フェイクニュースも社会問題であり（図），研究が進めら
れている（ウォードル，2019）．噂の理論的研究をぜひ発展させて
解決策を探りたい．

　第9章は，早稲田大学の佐々木宏夫教授が研究代表をされている
科学研究費でミクロネシア地域に数度訪問して見聞きした内容を
もとに書いているが，まだ研究の途中である．ミクロネシアは，実
はいろいろな側面で日本と非常にかかわりが深い．その1つが鰹節
である（宮内・藤林，2013）．私たちのプロジェクトでもポンペイ
島の鰹節工場を見学した．京都大学で霊長類の研究を進めた今西錦
司先生は若い頃にポンペイ島に滞在して調査をしたという（今西，
1944）．第9章を機会にしてぜひミクロネシアに興味をもってほし

図　フェイクニュースの記事（2019 年 10 月 26 日毎日新聞）

い．

　本書を読んで，社会の制度や組織，信用システムについて数理的
に考えてみることに興味をもたれる方が増えればありがたい．数理
的に考えることで，言葉だけの議論では曖昧で終わっていたことを
論理的に展開できるようになる．また，数理モデルやシミュレーシ
ョンモデルに落とし込むことで，一般化が可能になり，今までは別
事象として扱われてきた社会の制度の共通点もみえてくる．

　本書で紹介した学問分野は，生物学，数学，社会科学などにまた

がっている．この3つは一見全くの別物で関係性がないようでも，研究の最先端では実は非常に近いところにある．関係のないようにみえる研究分野の融合は，新しい発見のためにはとても大切だ．

2000年代に入って，生物学の観点からの協力の進化研究や文化進化に関する研究などの社会科学系の研究が注目を浴び，国際雑誌に論文が増えている．私の学生時代の1990年代と比べれば，進化生態学的観点から人間社会の研究は，はるかに盛んになっている．

本書を執筆するにあたり，様々な方にお世話になった．共立スマートセレクションのコーディネーターである巌佐庸先生には，執筆者として私を推薦していただいた．そして巌佐先生や共立出版の山内千尋さんには，この本を読みやすくするために貴重なアドバイスをいただいた．この場を借りてお礼をいいたい．

また，家族にも大変感謝している．子育て中の女性は出張することが難しい場合が多い．しかし，家族の協力のおかげで年に数回は出張が可能になっている．出張中は学童や保育園に夜遅くまで子供たちを預け，超過勤務しなければならない夫が時間を割いて迎えに行っている．子供には寂しい思いをさせているかもしれない．ここ最近はミクロネシア連邦への調査・実験のための海外出張が入るが，子供たちには「また，ミクロネシアに行くの？」，「行かないで」といわれることもよくある．夫や子供たちには申し訳なく思いつつ，それでも知的好奇心が先立ってしまいミクロネシア連邦へ行ってしまう．この場を借りて，後藤武志，玄蔵，桜子に感謝したい．

人間社会での助け合いは，どのように成り立っているのか

コーディネーター　巌佐　庸

　生物は効率的に振る舞い，体のつくりもうまくできている．この適応性は，自然淘汰による進化がつくり出したものである．餌をうまく食べ，寒さにも病気にも強く，よく成長してたくさんの子供を残せるタイプは，そうでないものよりも多くの子供を残す．それが長い世代繰り返されると，そのタイプが全体を占めるようになる．だから現在の地球上にみられる生物は，適応的な挙動をとれるのだ．とすると，適応的というのは自らの子供を多数残せることである．人間以外の動物でも，他の個体を助けるために自己犠牲を払う行動が時にみられる．しかしそのような協力行動はすべて，兄弟姉妹，いとこ，甥や姪といった血縁の高い個体を助けるものだ．

　人間は違う．血縁の高い人々の間での助け合いも大事だが，全く血縁がない人に対しても，約束は守るし，困っている人を助けようとする．社会の多くの人々に自分が貢献できたと感じると，とても嬉しい．人間社会での協力を説明するには，他の動物や植物にはない特別な仕組みを考えないといけない．

　本書の第1章に紹介されるように，協力進化を促進する様々な効果が調べられてきた．同じ個体と多数回繰り返して出会う状況では，遺伝的に近くなくても助け合いが成立しやすいのではないか．人々の間では，「良い」，「悪い」と互いに評価をし合うことがあるから，評判を維持する必要があるかもしれない．さらには，相互作用する相手は集団全体からランダムに選ぶのではなく，近くの個体

に限られることの効果もある．

　このような効果の1つ1つについて，単純化した設定のもとで，数学やコンピュータシミュレーションを使って調べることは，進化生物学の理論研究の重要なテーマである．生物学者だけではない．統計力学の専門家やコンピュータサイエンスの研究者，数学者などが，理論経済学者とともに，「協力の進化」のテーマに取り組んでいる．

　本書では，考え方の枠組み説明（第1章）の後，著者の中丸麻由子さん自身が取り組んだ研究を紹介している．互いに助け合うことですべてのメンバーにとって得になる状況であっても，抜け駆けをしたり自分の貢献をサボるものが現れることで，協力が維持されなくなる危険がある．それは漁師の乱獲，農家の水争いなど人間が自然を利用する時にも常に付きまとう問題であった．せっかく自分がすべき貢献をしても，他のプレイヤーがサボって損をする可能性があると，協力を差し控えようとする．だから規則破りを許さないルールになっていることが必要だ．著者は，「信用」をどう確立するかという観点からみると，その仕組みがよくわかるという．

　第2章では，グループでの助け合いの仲間に入るかどうかを選ぶとともに，グループがどのメンバーならば入ることを許可するかという条件があるとして，調べている．その結果，全体の協力を安定に維持するのは後者の許可条件が特に重要だという．

　第3章は，何名かでお金を積み立てて，交代でそれを受け取るという「頼母子講」についての研究である．金融機関がない状況でも人々は自分たちで工夫してこの制度をつくり出す．著者は，このシステムが，よく研究されている公共財ゲームや2者ゲームとは異なるタイプであることに注目し，数理モデルをつくり丁寧にシミュレーションをおこなうことで協力が維持される条件を導いた．続く

第4章には，佐渡島での頼母子講の聞き取り調査と人々を対象にしたゲーム実験の報告がある．シミュレーションの結果と対応するような仕組みになっているのかどうか確かめている．

第5章では，保険の始まりのようなゲーム，つまり皆でお金を出し合って，メンバーが事故や病気などでお金が必要になったら用立てるというシステムについての研究を紹介する．

第6章では，廃棄物処理業者には複数のステップの違いがあり，異なる種類の業者が直列につながることで処理される時，廃棄物の違法投棄が途中で起きないようにするにはどうするとよいか，という数理モデルを考える．役割の異なるプレイヤーが組み合わさる状況の研究は稀らしい．

これらは，社会でおこなわれている具体的な制度から，単純化して理論モデルをつくるという中丸さんの得意技がいかんなく発揮されている研究だ．

第7章は，評判を使って協力がおこなわれる社会において，自分に都合のよい評判を流すプレイヤーがいる時に，それでも評判に基づいた協力維持が可能かどうかを調べる理論研究である．嘘の噂を流す状況の研究は，中丸さん自身がずっと以前に初めておこなった．

第8章では，ミクロネシアにフィールド調査のグループに入って現地での信用組合を調べた報告がなされている．第3章とともに社会科学の調査はこのようにおこなうのかと興味深い．これらの章は，人間社会の理解に取り組んでいることが伝わってきて楽しい．

中丸さんは，これらのモデリング手法として，進化ゲーム理論を採用する．ゲーム理論は，それぞれのプレイヤーが自らにとって望ましい挙動を取る時に，どのような状態が実現するのかを考える数学である．経済学やその他の社会科学の数理的基盤としてフォン・

ノイマンらが創始した．利害が一致していれば問題は単純で，「最適解」を探せばよい．しかし，一般にはプレイヤーの利害は異なっている．その成果は，最近では，値段を決める時にどのようなルールの入れ札（オークション）で決めるとよいか，また学生をどの研究室に配置すればよいか（マッチング）など，様々な現実的な問題について，望ましい答えのクラスが定義され，アルゴリズムが研究されている．それらを発展させたゲーム理論研究者にノーベル経済学賞が与えられている．動物行動や生態を調べる生物学研究でも，ゲーム理論が基本理論となっている（共立スマートセレクション第1巻 山口幸著『海の生き物はなぜ多様な性を示すのか』参照）．

　理論経済学でのゲーム理論では，プレイヤーが非常に高度な知性をもっていて，それぞれの状況で将来まで考えぬき，間違いなく自らに最適な行動を採用するという仮定に立つ．そしてそれらの条件を満たす解（ナッシュ均衡）が存在することを数学で証明する．

　中丸さんの使用する数理は，理論経済学でのゲーム理論とは異なる．それぞれのプレイヤーがとりうる行動の中から1つを採用するとして，結果として高い利得を挙げると，他のプレイヤーはその行動を真似る，というダイナミクスを考える．これは生物の進化を考える時の数学モデルと同じ構造をもつため，「進化」ゲーム理論といわれている．その大きな利点は，コンピュータシミュレーションができることだ．どのような答えになるかはわからなくても，ともかくシミュレーションをすることができ，その結果，幅広いテーマに取り組める．また，社会は一定状態に収束するとは限らない．周期的変動やカオス変動を示し，いつまでも収束しないこともある．一見ある状態に収束したようにみえても，しばらく経つと突然に別の状態に遷移することもしばしばだ．進化ゲーム理論は，これらもきちんと捉えることができる．

　中丸さんは，学んだ学部は化学科だった．大学院では人間社会を数理的に理解したいという意欲をもち，数理生物学の研究室でそのような研究が進められそうと知って九州大学にみえた．中丸さんがまず取り組んだのは，人々が空間的構造をもっていて，主に近隣の人と相互作用をする格子モデルであった．数理生物学の先代教授であった松田博嗣先生は統計物理学の出身で，空間構造の効果を調べる上に物理学で活躍している格子モデルを1980年前後から生物学に初めて導入された．隣り合うサイトの条件付き確率を考えて，それらの力学を構成するペア近似と呼ばれる方法である．中丸さんの格子モデルの結果は，数理生物学分野で先駆的な論文の1つとして世界的に大きなインパクトを与えた．その後，中丸さんは，本書でも紹介されている，状態更新のルールの違いが協力の進化条件に非常に大きな効果をもつことや，処罰を入れる場合の協力成立条件を，格子モデルによって明らかにした．また，自分に関して「良い人だ」という都合のよい情報を流す時に何が起きるかといった嘘の効果も，中丸さんの研究が最初である．

　中丸さんは博士の学位を受ける前後の数年間，環境中の化学物質の生態系への悪影響を定量化するプロジェクトに参加し（共立スマートセレクション第18巻 加茂将史著『生態学と化学物質とリスク評価』を参照），静岡大学を経て，東京工業大学で社会科学の部門で教鞭をとってきた．

　中丸さんの最近の研究では，具体的な社会の制度に迫っているところに特色がある．頼母子講という助け合いのシステムに注目し，その安定性をもたらしているルールについて調べようとして，新しいモデルを展開していることがある．通常，1対1の2者ゲームか，n人の公共財ゲームがほとんどの中で，新しいフレームワークをつくり出している．また，廃棄物処理業者に注目した分業の安定性の

研究もオリジナルである．

　中丸さんは，初めてのアイデアを取り込んだ研究を多数進めてきた．具体的なシステムの話を聞いて，それを思い切って単純化した新しい数理モデルとして定式化し，それを調べることで元のシステムに対する洞察を得ることを，中丸さんは得意とする．これは実はなかなかできないことなのだ．

　物理学でも経済学でも生物学でも，ほとんどの理論研究は，誰かの有名な論文をみて，丁寧に調べ，少し変形するというものである．もしくは，出来上がったモデルを，特定の状況に当てはめて議論することもある．先人の業績に間違いが含まれていることもあるし，提案した本人が気付いていない解釈や示唆がみつかることもあるから，これらは重要だ．しかしその結果，どうしても，先人の研究を少し拡張するだけのものになってしまう．

　現実の世界はとても複雑だから，それを知った上で単純化して数理モデルにするところに我々は抵抗を感じる．少々現実と合わないことがあっても目をつぶって思い切って仮定しないといけない．もしそのモデルが，別の人が有名なジャーナルに書いた論文に出ていると，その権威に依存できて正当化が楽である．中丸さんにはこの障壁を乗り越える秘訣があるのだろうか．

　本書を読んで読者はどう感じるだろう．これは文系の研究なのかと思うかもしれない．人間社会での制度とか協力などは，文系の代表である社会学や経済学で扱われてきた．しかしそのアプローチは数理モデリングと数学の解析，そしてコンピュータシミュレーションである．その基本的なコンセプトは進化生物学に基づいているのだ．物理学，数学，工学などの研究者が多数参与している．だから理系とも思える．

　文系と理系という区別は，最先端の研究では通用しない．他人

がズルをしていると気がつくと，怒りを感じて罰を与えようとする．その時に脳のある部位が興奮する．今や全国の心理学の教室に，NIRS（近赤外分光法）とか fMRI（磁気共鳴機能画像法）といった脳活動の計測装置を使う研究者がいる．また，心理学は以前より実験的研究が確立してきたが，今では経済学や政治学などの他の社会科学でも，人々にコンピュータの前でゲームをしてもらう実験的研究が盛んにおこなわれている．もちろん，社会調査では多数のデータの統計解析が必要である．経済学では以前より，数理モデルと証明という理論研究が確立しているが，他の社会科学分野でも数理モデルやコンピュータシミュレーションがおこなわれるようになってきた．

　読者の中に高校生や学部生がおられたら，社会のことを知りたいとしても文系だからといって数学や物理学をおろそかにせず，しっかり学んで新しい貢献をしてほしい．

索　引

190

memo

memo

著　者

中丸　麻由子（なかまる　まゆこ）

1998 年　九州大学大学院理学研究科生物学専攻博士後期課程単位取得退学

現　　在　東京工業大学環境・社会理工学院 准教授，博士（理学）

専　　門　数理生物学，人間行動進化学，社会シミュレーション

コーディネーター

巌佐　庸（いわさ　よう）

1980 年　京都大学大学院理学研究科博士課程修了

現　　在　関西学院大学理工学部 教授，理学博士

専　　門　数理生物学

共立スマートセレクション 33
Kyoritsu Smart Selection 33

社会の仕組みを信用から理解する
—協力進化の数理—

Trust and Society:
from the Perspective of the
Evolution of Cooperation

2020 年 10 月 15 日　初版 1 刷発行

著　者　中丸麻由子　© 2020

コーディ
ネーター　巌佐　庸

発行者　南條光章

発行所　**共立出版株式会社**
郵便番号　112-0006
東京都文京区小日向 4-6-19
電話　03-3947-2511（代表）
振替口座　00110-2-57035
www.kyoritsu-pub.co.jp

印　刷　大日本法令印刷
製　本　加藤製本

一般社団法人
自然科学書協会
会員

検印廃止
NDC 301.6, 417.2, 361

ISBN 978-4-320-00933-2

Printed in Japan

共立スマートセレクション

【各巻】B6判・並製
税別本体価格 1600円〜2000円